城市设计速成课

探索城市之城与镇：
一本书读懂城市与城镇

[美] 约拿单·葛兰西（Jonathan Glancey） 编

一本书读懂城市与城镇翻译小组

张育南　马海东　于晓萍　肖　玥　王　茜　张若涵　郑思敏　译

机械工业出版社
CHINA MACHINE PRESS

存在千年的城镇，随着人类文明进程而不断更迭，命运起伏，有些城镇已然消亡，而今已是一片废墟；有些城镇发展成为城市中心，繁荣至今。现代城市里的街道和天际线都蕴含着重要线索，揭示了城市居民聚集在一起的原因，以及不同的社会、政治、文化和经济环境如何演变。

本书帮助我们深入剖析了城镇中那些独特的地方，先提供一个城市的核心元素，然后再去细致解读城市的特定类型和风格。书中记录了早期的城邦建设、中世纪的帝国城市，也介绍了一些行政都城和现代大都市区。

本书将为读者提供世界诸多城镇的丰富内容，同时也鼓励大家去探索自己所在的城镇。任何对城市与城镇建筑感兴趣的人都应该读一读。

First published in Great Britain in 2016 by Bloomsbury Visual Arts

© 2016 Ivy Press Limited

All rights reserved.

This edition is authorized for sale in the Chinese mainland (excluding Hong Kong SAR, Macao SAR and Taiwan).

此版本仅限在中国大陆地区（不包括香港、澳门特别行政区及台湾地区）销售。

北京市版权局著作权合同登记　图字：01-2018-7044号。

图书在版编目（CIP）数据

探索城市之城与镇：一本书读懂城市与城镇/（美）约拿单·葛兰西（Jonathan Glancey）编；一本书读懂城市与城镇翻译小组译.—北京：机械工业出版社，2022.12
（城市设计速成课）

书名原文：How to Read Towns and Cities: A Crash Course in Urban Architecture

ISBN 978-7-111-71941-0

Ⅰ.①探⋯　Ⅱ.①约⋯②一⋯　Ⅲ.①建筑艺术史–世界–现代　Ⅳ.①TU–091.15

中国版本图书馆CIP数据核字（2022）第207479号

机械工业出版社（北京市百万庄大街22号　邮政编码100037）
策划编辑：关正美　　　　　责任编辑：关正美
责任校对：丁梦卓　王明欣　封面设计：马精明
责任印制：张　博
北京华联印刷有限公司印刷
2023年3月第1版第1次印刷
136mm×165mm·12.4印张·218千字
标准书号：ISBN 978-7-111-71941-0
定价：79.00元

电话服务　　　　　　　　　　网络服务
客服电话：010-88361066　　　机　工　官　网：www.cmpbook.com
　　　　　010-88379833　　　机　工　官　博：weibo.com/cmp1952
　　　　　010-68326294　　　金　书　网：www.golden-book.com
封底无防伪标均为盗版　　　机工教育服务网：www.cmpedu.com

目录 | CONTENTS

概述

克诺索斯

克诺索斯并不大，但它的神话放大了这个城市的力量：迷宫和牛头怪。

什么时候一个地区应被理解为城镇或者城市？这个无解之谜似乎对城市规划师并没有固定的答案。构成两者的定义随着世界各地的治理方式不同而不尽相同。在英国，女王一声令下便可以使一个城镇一夜之间变成城市。在 2012 年结婚的周年纪念活动中，女王伊丽莎白二世将三个古老的城镇切姆斯福德（英格兰）、珀斯（苏格兰）和圣阿萨夫（威尔士）赋予城市地位。令来英国旅游的游客费解的是，伦敦其实是由两个城市——伦敦和威斯敏斯特——以及一个巨大的环形郊区组成的城市。

　　尽管没有对城市或者城镇明确的定义，但我们似乎本能地就能判断出两者之间的本质和情感差别。无论大小，城市是地区权力和行政的所在地，至少能提供和表达与城镇不同的活力源泉或文化目的。城市也往往比城镇变化得更快。它们是让人们致富，失去自我，甚至改变身份的地方。连续不断的移民来这里寻找工作和住所。至少在世界的某些地方，城市是人们寻求自由的地方。

　　在过渡时期，城镇很大程度上致力于解决当地利益和特定产业的问题。这可以使它们凭借其本身的条件变得强大，但城镇仍极少是地区中心，更别说是国家权力中心。例如，对于意大利文艺复兴时期，城镇首要的是政治实体，它们经常为了政治而非纯粹的商业利益相互斗争。

　　解读城镇和城市的乐趣并非在于与定义和口舌的交锋，而是欣赏它们瑰丽的多样性。鉴别世界各地所有时代中城市和城镇的元素，并学习去理解它们。这对于任何一个着眼于差异，对旅行有渴望，对不断展现的城市和公民的历史有敏锐意识的人是一种终极的愉悦。

伦敦城天际线

　　伦敦是巨大的，但其中心城部分却出人意料地小：这座城市，是一个被金融力量所围绕的充满现代神话感的地方。

探究线索

城市网格

古希腊和罗马城市的网格模式极具理性和军事意义。它们形成了景观的秩序感，易于监管并方便城市以整洁有序的方式拓展。城市网格为城市注入了一种目的性。这种规划模式在接下来几个世纪的时间里塑造了世界各地的城市。

如果不甚了解的话，从远处或从高处看，可以观察到不同的城镇和城市模式。只有身处地面上，在城市的街道网格或迷宫中，这些非常人性化的建筑物才会显露城市的特征，游客才能学会如何将抽象的鸟瞰图和城镇的生活和特征对应起来。然而，它们的特点和目标可以通过某些易于辨认的线索来识别。许多早期的城市，以及文艺复兴和工业时代的城市，包括专制政权时期的城市已经在几何网格上进行布局，这既唤起了秩序感和协调感，同时也表达了公民意识和对社会秩序方面的考虑。

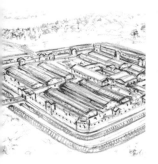

城市扩张

汽车改变了一切。从20世纪中期开始，城镇和城市可能就已经开始采用简单的几何网格规划进行扩张，以容纳不可抵挡的机动车规模。从美国开始，这种动态的形式创造了城市自身环状、漩涡和交叉的格局，尤其从摩天大楼上俯瞰更为明晰。

广场

无论满是尘嚣的中央市集还是富丽堂皇的巴洛克式广场，绝大多数城镇和城市都拥有这样的空间，正如花蜜之于蜜蜂，或是夜晚的火焰之于飞蛾，广场深深吸引着游客。这些广场是城市的心脏，成为城市的基石。

天际线

塔楼的顶部、尖顶建筑、穹顶或是摩天大楼，又或是以上所有元素，都装饰着城市天际线，它们提供了对特定城镇或城市的生活和特征的直接感知，如对比水平发展悠闲的城市哥本哈根与垂直生长高密度的曼哈顿。

商业

尽管全球化正在改变这一点，但每个城市和城镇都有一个独特的商业特征，在历史上这个特征会通过港口和码头、造船厂、办公大楼、银行，以及像是诗意的中世纪欧洲纺织会馆和 19 世纪普通的曼彻斯特工厂这类引人注目的建筑物一样表现出来。

贫困

繁荣的城镇长期以来一直如磁铁一样吸引着农村贫困人口和其他移民。无论是以大规模的廉租郊区为幌子，还是贫民窟，或是棚户区，这类住房只会随着全球城市化加剧而急速增加。

城市建筑语汇

城市要素释义

引言

超大城市

东京的人口数量与整个波兰的人口数量大致相同。这不仅反映出东京都圈强大的经济和文化吸引力，还说明日本是一个城市空间极小的山地国家。而波兰人有自由呼吸的空间。

城市在规模上差异巨大。按照人口来说，其中最小的城市之一是威尔士的圣戴维斯（1800人）。而东京的市区就拥有3600万人口。并且，无论如何去衡量城市的规模，城市也往往由独特且鲜明的元素组成。其中包括中央政府大楼、皇宫、教堂或其他场所，以及宏伟的市政建筑和壮观的街道。并非所有的城市都会有如下所展示的所有元素。例如一些欧洲的城市没有大教堂，而很多大城镇拥有比周边的城市更雄伟的建筑。

即便如此，城市也能成为权力的所在地和宗教与文化的核心区——它们很容易被人们认可，被游客所

感知。并且，它们确实具有一些共同特征，如大广场、高密度的建筑区和城市中心日益增强的活动，但城市也有许多的形式。芝加哥、法兰克福和上海簇拥着的摩天大楼把城市感受彰显得淋漓尽致，但世界上许多伟大的城市比如巴黎、哥本哈根和圣彼得堡，显然还是有很多中低层建筑，尽管周边摩天大楼已经拔地而起。

城市标志

著名的大城市觉得有必要通过标志或者昵称来将其展示给游客和市民，就如同有人需要彰显他们的身份。罗马在街道和建筑上标记的 SPQR（the Senate and People of Rome）已经超过 2000 年。

城市的规划差别很大，小镇的规划也是如此。一些是在被认同的合理的网格中集中布局的；而其他一些，比如伦敦，在几个世纪中已经发展成松散且更有机的形态。

至于细节，城市通常通过设置在人行道、排水沟、巴士侧面以及民用建筑入口的标志或徽章来识别。在罗马，人们第一次用首字母缩略称呼 SPQR（the Senate and People of Rome）城市：无论新旧，城市喜欢宣扬自己特殊的地位。

城市中心区

雅典卫城

雅典卫城可能是世界上最著名的城。作为城市的核心，它以经典的神庙，尤其是无与伦比的公元前5世纪的帕提农神庙为中心，为了赞颂"黄金时期"的雅典而建造。从那时起，统治者和他们的建筑师就备受其启发。

在青铜时代，城市的出现不仅仅是当人类在特定的地方定居，并学会了有计划地耕作，而是当这些定居点生产出了过剩的农产品，有时间和金钱来兴建堡垒保护自己，有庙宇来敬奉决定收成和繁荣的神灵，还有宫殿来为新一代的国王服务，而这些国王的职责是领导他们的人民。庙宇、宫殿和堡垒构成了城市的核心。

米兰大教堂

　　在欧洲，教堂占据了城市中心的主导地位。主要街巷都通向这些令人敬畏但具有庆祝性的建筑，它们体现并颂扬了城市公民的财富、成功和神的眷顾。位于主教堂广场上的米兰大教堂就是最好的例子之一。

伦敦塔

　　统治者通过在城市中心建造能彰显权力感和控制感的城堡来树立他们的权威。然而，在发生冲突时，城堡则可以保护城墙内的公民不受侵害。英国国王威廉一世在 1066 年登上英国王位后建造了伦敦塔。

斋沙默尔堡，拉贾斯坦邦

　　在其约 850 年的历史中，拉贾斯坦邦的所有居民曾一度都住在斋沙默尔堡内；这个城堡曾经就是这座城市的代名词。如今，人口已经蔓延到这座城堡城墙外的郊区，而这座中世纪的堡垒本身也需要通过维修才能得以留存。

玛德玛宫，都灵

　　自 1861 年起，都灵的玛德玛宫就作为意大利王国的第一座参议院而存在。尽管它拥有菲利波·尤瓦拉（Filippo Juvarra）设计的巴洛克风格的外立面，这座宫殿却建立在一座中世纪城堡的基础上，这座中世纪城堡是由一座作为要塞的罗马大门发展而来的。

中心广场

圣马可广场，威尼斯

威尼斯的圣马可广场，一个理想的城市广场，几个世纪以来历经重建。广场一面面向圣马可大教堂的拜占庭穹顶，另一面向南面朝大海，其以及连续的拱廊和外墙形成了一个向天空开放且显得十分宽敞的属于威尼斯城市的客厅。

公共广场——露天广场、大广场、商业中心广场等各式广场，自古以来一直是城镇和城市中心的关键元素。这些绝佳的集会地点或是从集市形式的广场发展而来的，或是被布置成为展示宫殿和庙宇的空间。几个世纪以来，它们一直是商业和公共生活的焦点，成为用来庆祝和抗议的场所。最好的广场通常是那些被优雅、有韵律的建筑包围，被柱廊环绕，被喷泉、市政纪念碑和咖啡馆装饰点缀的广场。

红场，莫斯科

　　莫斯科的红场曾是货物和游客登陆莫斯科城市的起点。其将克里姆林宫这个皇家城堡与城市的商业区分隔开来，这里也曾举办过大规模的宗教游行。

德吉玛广场，马拉喀什

　　德吉玛广场是马拉喀什的城市中心广场，它延续着充满戏剧性和令人激动的中世纪氛围。这是一处集处决犯人、餐饮、商铺经营和娱乐等功能的场所。这个充满生机的广场还是一处世界遗产地。

时代广场，纽约

　　这个自 1904 年以来就被称为时代广场的巨大的交叉路口，在交通堵塞了几十年后转变成了一个步行广场。被霓虹灯广告、剧院、音乐大厅等所环绕，这个倍受欢迎的纽约聚集地已经实现了其一直以来的目标——成为一个真正的城市广场。

中世纪广场，贝恩卡斯特尔—库斯

　　位于横跨摩泽尔河的葡萄种植小镇——贝恩卡斯特尔—库斯中心的中世纪广场，一定程度上可谓是一本德国画册。地处独立店铺和家族企业繁荣兴隆的地区，它也是当地蓬勃发展的商业中心。

城门和城墙

围墙小镇的形象通过民间传说和童话传承至今。几个世纪以来，沿着丝绸之路前行的商队在像塔哈帕克门一样的纪念性城门前停留，商队在迈过防御性的城墙前会在这里缴纳各种税款。

城镇和城市通常由城墙包围，并且通过宏伟的城门才能进入其中。在保护居民的同时，它们也是在这个瞬息万变的世界中表达信心、身份和永恒感的方式。随着世界上政治权利大多数集中到国家手中，许多城墙和城门都被拆除。然而，秉承着浪漫主义精神，许多城墙在 19 世纪得到了修复，同时作为高耸的塔楼和吊闸的代替品，新形式象征性的城门也出现了。

勃兰登堡门，柏林

　　从文艺复兴时期起，受古代先例启发而产生的纪念性城门在欧洲城市已经变得必不可少。壮观的柏林勃兰登堡门（1791年）采用希腊多立克风格，面向通往普鲁士王宫的菩提树大街。它在冷战期间被关闭，1989年则成为重新统一后的德国的城门。

罗马时代的城门，巴尔米拉

　　罗马的城镇拥有众多纪念碑。巴尔米拉曾一度是叙利亚境内的富饶小镇，在3世纪早期，这里的城门连接着包括寺庙、浴场、剧院、集市和商店在内的绵延千米长的廊柱大道。

阿维拉城墙，卡斯蒂利亚城

　　超过88座圆形塔楼伫立于卡斯蒂利亚城阿维拉的城墙之间。城墙建于1090年，为了在摩尔人入侵西班牙时保护城市，人们修建时尽可能地使用了古罗马的石头。萨拉曼卡和塞戈维亚的城市也修建了类似的城墙，但只有阿维拉的城墙保存了下来。

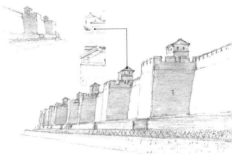

平遥古城墙，山西省

　　中国的城市也通常会被雄伟的城墙所环绕。山西省的平遥古城墙从早期建设，并历经明朝（1368—1644）发展而来。长达6千米，高约12米，这座城墙上设有6扇坚固且装饰华丽的城门，以及72座瞭望塔。

主要街道

香榭丽舍大街，巴黎

香榭丽舍大街是巴黎一条至关重要的大道，长约 1.9 千米，宽约 70 米，连接着巴黎协和广场和凯旋门。街道两侧排列着修剪整齐的马栗树，它由路易十四的景观建筑师安德烈·勒诺特（André le Nôtre）设计。

宏伟的街道连接着重要的城市地标，如大型露天走廊。这些街道是城市的主动脉，沿着街道是民众的生活所在，也分布着众多交通线路。在集权的首都城市，这些街道往往相当长且较为宽阔，在为商业和娱乐服务的同时，它们为盛大的活动、散步、游行提供场所。其中沿途很多地方都分布着令人印象深刻的建筑作品。一些街道的尽头是引人注目的建筑景观，另一些则一直延伸到人的目力之所及的远方。

人民广场，罗马

弗拉米尼亚大道是一条古老的罗马道路，在铁路修建好以前它是通往罗马的主要入口。这条道路通向开阔奔放的人民广场，广场上有两座巴洛克风格的教堂和一座埃及方尖碑。以这里为起点，三条主街道如三叉戟的尖头一般指向城市的重要节点。

帕比耶格特，哥本哈根

沿着哥本哈根比斯柏格区短短的帕比耶格特街道走一小段，就能到达雄伟壮观、有点骇人的格伦特维教堂（1927—1940 年），宏大的规划和宏伟的建筑让这条街道显得规模巨大。在相反方向，视线则沿着街道被引导穿过一座墓园。

拉杰大道，新德里

新德里的拉杰大道原为国王大街，是一条令人印象极其深刻的街道，它以印度之门战争纪念碑为起点，延伸至芮希那山丘，直至印度总统府（前总督之屋）。它由英国建筑师埃德温·鲁特恩斯（Edwin Lutyens）设计。若是遇上盛大的巡游和阅兵，这条街就会变得格外热闹。

第五大道，纽约

作为城市街道中的传奇，第五大道的历史可以追溯到 1811 年，当时曼哈顿网格街道规划已经投入使用。第五大道从华盛顿广场北部起，通向哈莱姆街区 142 街区，这里聚集了帝国大厦、多座著名的酒店、各大百货公司，这里还是拥有众多博物馆的"艺术馆大道"，同时还会举行游行盛典。

市政建筑

总督之家，新德里

  位于新德里，由埃德温·鲁特恩斯（Edwin Lutyen）设计的总督之家（1912—1929 年）是大英帝国设计中的杰作；自 1947 年以来，它一直被用作印度独立后的总统府。它的设计融合了英国古典主义、印度特色和罗马帝国建筑风格。

  从一开始，城市和城镇就是地方、地区或国家治理的中心。即便是印度独立后的共和国时代，首都城市的议会和政府大楼也常常被形容为宫殿，而令人惊讶的是，小城镇同样也能拥有雄伟的市政建筑。因为大多由当时最著名的建筑师设计，这些市政建筑一般都成为能让游客蜂拥而至的景点。这些建筑占据了城市中的一整片区域，与商业区的日新月异不同，它们维持着旧时的面貌。

诺维奇市政厅

    诺维奇市政厅是一座漂亮且精心建造的 20 世纪 30 年代的建筑，由查尔斯·霍洛韦·詹姆斯（Charles Holloway James）和斯蒂芬·罗兰德·皮尔斯（Stephen Rowland Pierce）设计，采用当代斯堪的纳维亚经典风格（北欧经典风格）。它俯瞰城市中繁忙的日间市场，由此将诺维奇的商贸与其政治管理联系起来。

阿尔沃拉达宫，巴西利亚

    20 世纪巴西利亚现代主义者奥斯卡·尼迈耶（Oscar Niemeyer）证明了用醒目的现代形式塑造总统府的可能性。阿尔沃拉达宫（1957—1958 年）是巴西首都巴西利亚建造的第一座政府大楼。它点缀在一座半岛之上，俯瞰着帕拉诺阿湖。

市政厅，萨巴蒂亚

    尽管十分简朴，它却高耸着，这座市政厅主导着 20 世纪 30 年代的意大利新城萨巴蒂亚。如同微缩版的古罗马一样，萨巴蒂亚是由贝尼托·墨索里尼（Benito Mussolini）委托建造的一群城镇之一，它在很短时间内就建成于曾经是疟疾横行的、排干水体的彭甸沼泽地之上。

卡姆登市政厅，南卡罗来纳州

    南卡罗来纳州的卡姆登市政厅看起来像是 18 世纪的建筑，但实际上它建于 1956 年。该设计融入了这座乔治亚特色的小镇上历史建筑的特点。它也展示了民主的新世界小镇上的市政建筑如何重现古希腊和罗马风貌。

主要商业建筑

同业会所，安特卫普，比利时

这些迷人的建筑建于 16 世纪后期，并在 19 世纪进行了翻新。同业会所面向安特卫普历史悠久的市政厅，其奢华设计充分展示了杂货店、裁缝铺和木匠等行业的繁荣以及公众的力量。

城镇的建立与发展始终以贸易和商业作为基础，而城市已经逐渐开始作为政治和宗教中心，经贸往来则在城市周边进行。商业建筑往往会占据当代城市的天际线；而大教堂和宫殿几乎消失得不见踪影。在许多历史悠久的城镇中，商业建筑比如商会和银行，还有粮仓和仓库都是可以与教堂和市政建筑相媲美的构筑物。

羊毛大厅，拉文纳姆

在15世纪的萨福克，羊毛贸易与宗教一样盛行。羊毛大厅，始建于1529年，由科珀斯·克里斯蒂公会设计，是一栋木质结构的大厅，在当时作为当地的商业中心，也曾经作为监狱和工作室，现在成为国家信托财产的办公地。

布料大厅，伊普尔，比利时

伊普尔大教堂式风格的布料大厅于1304年完工，是所有中世纪商业建筑中最雄伟的建筑之一。大厅具有非常明显的塔楼，装有49个铃铛的钟琴，魅力十足。大厅在第一次世界大战期间遭到破坏，并在1928—1967年进行了重建。

卡多洛金屋，格拉斯哥

格拉斯哥的卡多洛金屋建于1872年，设计为家具仓库，其建筑风格效仿15世纪的威尼斯宫殿。卡多洛金屋是一座富有文化气息的商业建筑，将中世纪威尼斯的商业力量与19世纪的苏格兰紧密联系在一起。

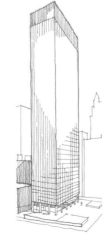

西格拉姆大厦，纽约

西格拉姆大厦建于1958年，与纽约公园大道遥遥相呼应，为世界各地无数现代化办公楼奠定了基调。它由密斯·凡·德·罗（Mies van der Rohe）设计，采用昂贵的材料制造，一直受到众多建筑师的喜爱。

大学和学院

莫斯科罗蒙诺索夫国立大学

在莫斯科，罗蒙诺索夫国立大学广阔而高耸的中央建筑形成了市中心的城中之城，站在大学的塔顶则可以欣赏莫斯科中心的美丽景色。这座被称为"婚礼蛋糕"的高塔是1953—1990年欧洲最高的建筑之一。

11世纪晚期开始在欧洲出现的第一批大学与教会密切相关。从文艺复兴时期开始到19世纪，大学和科研机构共同成为科学发现和工业化的重要推动力量。大学不仅对科研具有非常重要的意义，也贡献了很多鼓舞人心极具启发的建筑，促进了校园和整个城镇的发展与活跃。

美国弗吉尼亚大学夏洛茨维尔分校

美国弗吉尼亚大学夏洛茨维尔分校的原校区是由美国第三任总统托马斯·杰斐逊（Thomas Jefferson）设计的，校区以古罗马城的缩影为建筑原型，在市中心以西的校园内设有类似万神殿和布满柱廊的街道。

意大利博洛尼亚大学

博洛尼亚大学始建于 1088 年，并于 1563 年完工，是欧洲第一所大学。它的第一座专用建筑是由反对宗教改革运动的领袖人物查尔斯·博罗米奥（Charles Borromeo）委托建造的阿奇金纳西奥宫，于 1563 年竣工。博洛尼亚大学在 16 世纪发展成为城市中心。

英国牛津大学

远望牛津，激发了维多利亚时代的诗人马修·阿诺德（Matthew Arnold）的灵感，以尖塔唤起"甜蜜的城市"。不论牛津中心的街道、小巷还有一些建筑，至今都依然维持着 1167 年建立之初的样子。

威尔斯纪念大楼，布里斯托尔

威尔斯纪念大楼（1915—1925 年）高耸在布里斯托尔的街道之中。威尔斯纪念大楼由乔治·奥特利（George Oatley）爵士设计，具有哥特式复兴风格，展现了中世纪大学的精神，是为了纪念帝国烟草公司的所有者威尔斯（Wills）家族而设计的。

水源

利物浦皮尔西德码头

利物浦皮尔西德码头

很可惜的是，如今很少有船只停泊在利物浦壮观的皮尔西德码头。在这里，在 18 世纪的乔治码头旧址上，在默西河上，被喻为"利物浦美惠三女神"的三栋建筑——皇家利物大楼、丘纳德大楼以及港务局大楼于第一次世界大战前夕拔地而起。

自从第一座城市于约 7500 年前建成以来，城镇和城市就因为使用需求和通过设计利用水源。由海湾、海洋和潮汐河川构成的港湾成为船舶和港口贸易的避风港。伴随着商贸的发展，城市规划越发雄心勃勃，建筑和海滨天际线也逐步壮大，它们已经成为其所在的城市令人向往的标志物。在那些水源干涸或水量不足，又无法修建输水管道的地方，城镇和城市就会消失。

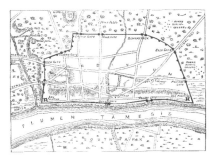

罗马码头，伦敦

　　伦底纽姆建于公元 47 年，它并不是罗马人统治时期的英国首都，而是其主要港口和商业中心。泰晤士河上的潮汐可以使得船舶迅速从这个避风港驶向大海。然而，被不列颠女王布狄卡洗劫后，它从公元 60 年开始被重建为一座经过规划的罗马城镇。

阿尔伯特码头，利物浦

　　通过海上贸易利物浦累积了大量财富。这座城市的富饶明显体现在精致的街道和乔治亚风格的建筑上。然而，阿尔伯特码头（1846 年）和这些建筑一样雄伟壮观，它是 19 世纪商业建筑的最高典范，也是如今众多酒店、餐厅和泰特利物浦美术馆的所在地。

军械库，威尼斯

　　长寿的威尼斯共和国之所以能拥有雄厚的军事实力、财富和名望的确相当程度上归功于这座工业革命前世界上最大的军械制造厂——威尼斯军械库。大量船舶、枪支弹药在这里生产制造。军械库占据了城市 1/6 的面积。

大运河，的里雅斯特

　　的里雅斯特是一个富饶的意大利海港。1382—1918 年，它一直是哈布斯堡王朝领土的一部分。从海上开始，沿着大运河通向圣安东尼·奥诺沃新古典主义教堂的纪念轴线依据希腊风貌的万神庙而建，这里是欧洲最美丽的街道之一。

地下水宫殿，伊斯坦布尔

这座神秘壮美的地下水宫殿形似地下罗马神庙，由12排（每排28根9米高）大理石柱组成。为了向君士坦丁堡的大宫殿供水，皇帝查士丁尼一世下令修建了这座地下水宫殿。如今它已经是伊斯坦布尔最宝贵的旅游名胜之一。

由于对生命至关重要，水源一直以来在城镇和城市中都具有主要的作用。欢乐的喷泉，雄伟壮观的沟渠，栩栩如生且潺潺流水的滴水装饰及喷水口使得建筑物、街道、广场和延伸至远处山丘的景观显得生机勃勃。无论是饮用、消防、卫生还是洗涤，水源满足了基本需求，但即使如此，它所流经的建筑都被设计成宫殿或大教堂的形式。从公共场所喷泉式饮水器、马槽、排水沟、地下蓄水池到水泵站，水在塑造城市面貌方面起到了很大的作用。

圣萨比娜面具喷泉，罗马

传说在罗马有 280 座喷泉。圣萨比娜大教堂建于 5 世纪，从其可怕的面具喷泉中，水喷涌而出，流入一个古老的水池。从这座令人难忘的喷泉就能看出，它由圣彼得大教堂的建筑师之一伽科莫·德拉·波尔塔（Giacomo della Porta）设计。

克雷格·格高尔大坝

从 20 世纪初期开始，威尔士中部的克雷格·格高尔大坝（1904 年）就是将饮用水输送至相距 117 千米的内陆城市伯明翰的 5 座令人惊叹的大坝中最重要的一座。这是工程界的一次壮举，也是伯明翰巴洛克式市政设计中的成功典范。

克劳斯尼斯水泵站，伦敦

在参加 1865 年的伦敦远东地区克劳斯尼斯水泵站开闸仪式的一众名流显贵中，威尔士亲王和坎特伯雷大主教赫然在列。这座震撼人心的教堂样式的污水系统以其建筑形式彰显了其在维多利亚时期城市生活中的重要性。

泰晤士河堤，伦敦

宏伟的泰晤士河堤由约瑟夫·巴泽尔杰特（Joseph Bazalgette）爵士于 1862 年开始建造，它改变了伦敦市中心的面貌。在其庞大的尺度下，隐藏着巨大的下水系统和地下铁路，将城市的污废带到数英里以外的东边。它在消灭霍乱方面发挥了至关重要的作用。

交通

对于城镇和城市来说，交通和水源一样必要。在铁路使用之前，交通并非总是井井有条。凯撒大帝曾抱怨过夜间拥挤的罗马街道上翻腾的牛车带来的嘈杂和混乱。铁路实现了按时准点运行，提高了可靠性和快速运输货物的能力，因此例如来自高地的鲜鱼可以数小时之内就出现在伦敦的餐桌上。建筑材料也很容易被运输，所以城镇和城市开始分享彼此的物产资源。

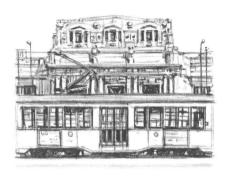

米兰电车、火车站

有轨电车运行的画面和声音让城市变得非常特别，也更加都市化。米兰有轨电车的线路从 1881 年起自主教堂广场辐射开来。作为城市街景的一部分，许多电车线路可以追溯到 20 世纪 30 年代早期，并且已经变得和电车轰隆驶过的历史建筑一样珍贵。

伦敦地铁

1913—1917 年，由书法家爱德华·约翰斯顿（Edward Johnston）设计的伦敦地铁"靶心"站台标志成为这座城市的象征。该系统的首席执行官弗兰克·皮克（Frank Pick）发现，交通网络越发达，就会有越多的人希望探索和享受自己的城市。

宾夕法尼亚车站，纽约

关于纽约的宾夕法尼亚车站，建筑历史学家文森特·斯喀利（Vincent Scully）曾说过："曾经我们像神一般降临纽约；现在我们如老鼠般乱窜。"车站的原始设计（1910 年）让人联想起古罗马的卡拉卡拉浴场；可惜的是 1963 年它被拆除后建成地下车站。

威尼斯水路

作为一座水上城市，威尼斯拥有高效、全天候的公共交通系统，它以水上巴士——汽艇或"小蒸汽船"为基础，沿着主要的水道运行，延伸至丽都岛和环礁湖上的小岛。这是一个基本上没有汽车的城市。

文化建筑

悉尼歌剧院

悉尼歌剧院（1957—1973年建造）在城市的海滨占据着显著位置。由丹麦建筑师约翰·伍重（Jorn Utzon）提出的大胆方案，以其宏大的建筑结构——巨大的波浪形或鸟嘴形屋顶，吸引了全世界城市的关注，同时也有助于改变澳大利亚内陆本土的城市形象。

随着城镇和城市的发展，它们通常会选择去拥趸艺术，这可能主要出于对其声望以及当地文化的考量。那些最开放的城镇也希望借此展示它们在贸易或征服过程中邂逅的异域文化。从19世纪起，大型博物馆、歌剧院和民间艺术画廊开始在一众传统音乐厅、礼堂和娱乐的花园中大放异彩。到了21世纪，各个城镇更是你争我夺竞相打造奢华的文化建筑。

奥林匹克剧场，维琴察

维琴察的奥林匹克剧场（1580—1585年）既是16世纪对理想中的古罗马剧场的重现，也是一次城市设计的示范。它由安德里亚·帕拉第奥（Andrea Palladio）设计，其错视舞台则由文森佐·斯卡莫齐（Vincenzo Scamozzi）实现。在这里，虚构的城市街道以一个广场为起点，沿着看似无限延伸的城市景色辐射开来。

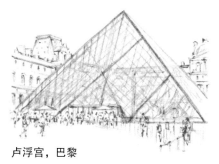

卢浮宫，巴黎

卢浮宫的前身是一座皇家宫殿，占据了巴黎市中心的一大片区域。1789年法国大革命爆发后，这座公共艺术画廊的规模持续扩大。在1989年，贝聿铭设计的玻璃金字塔为其创建了一个新的入口，唤起了18世纪人们对古埃及的探索。

三一学院老图书馆，都柏林

没有图书馆的城市和城镇不值一提。在这里，城市理念中对知识和才智的追求被表现为沉浸在独特的建筑环境之中，并得到了赞颂。很少有图书馆比都柏林三一学院老图书馆更好，其高高的书橱上点缀着伟大的思想家和作家们的半身像。

古巴革命博物馆，哈瓦那

一座城市的文化不可避免地与其历史联系在一起。哈瓦那的古巴革命博物馆旨在纪念菲德尔·卡斯特罗（Fidel Castro）的起义军推翻巴蒂斯塔（Battista）的独裁统治，它也是前总统的宅邸，一座由纽约设计师蒂芙尼（Tiffany）装修的巴洛克式的精致建筑，自1959年起，馆内就陈列着坦克和浸染鲜血的衣物。

娱乐

卡拉卡拉浴场

卡拉卡拉浴场（212—216年）是一个巨大的休闲中心，面向所有阶层的人开放。在33米高的拱形天花板下，罗马人可以享受冷水、热水和温水浴，还包括一个露天游泳池以及健身房。在该建筑群的一侧分布着许多商店，同时也有数座图书馆。

城市将部落的舞蹈发展为舞会，将民谣塑造为歌剧。然而，就其所谓的文明而言，它们也为追求享乐提供了新的机会。在城市中，无论是活力四射的舞厅、音乐夜总会、地下酒吧、土耳其蒸汽浴或是公园里的幽会，街边和小巷里的诱惑，陌生人和不同的文化可以在此得到前所未有的邂逅，激发出新形式的冒险精神，甚至是醉生梦死般的欢愉。

沃克斯霍尔娱乐园，伦敦

从 1785 年起，建于泰晤士河畔的沃克斯霍尔娱乐园就是在大众餐饮和娱乐方面世界上首次重大的城市冒险经营项目之一。它是一座装饰华丽的洛可可式建筑，成为一种视觉享受，且广受赞许。

拉斯维加斯

拉斯维加斯——内华达州沙漠中的一片绿洲——将自己定位为"世界娱乐之都"。这是一座致力于赌博游戏和夜生活的旅游城市，其特色是迷人的各式霓虹灯招牌和街边林立的让人目眩的宾馆酒店，其中一栋建筑仿若巨大的埃及金字塔。

Whisky a Go Go 酒吧俱乐部，洛杉矶

音乐俱乐部和迪斯科舞厅是城市在夜间用以宣泄自我的方式。如 1964 年在西好莱坞日落大道开业的 Whisky a Go Go 酒吧俱乐部，它们也是新时尚、新舞蹈、新音乐被创造和流行起来的地方。曾经有一段时间，大门乐队曾在这里驻唱。

面包和马戏

斗兽场，罗马

罗马斗兽场仍然是世界上最大的圆形露天剧场。建于公元70—80年，其可以容纳8万人，人们来此纵情于角斗士的战斗，模拟海战、处决和屠杀。它就像一座充斥着真实鲜血的3D影院。

古罗马的人口在3世纪已增长至125万人，当城市发展到这样的规模，古罗马统治者出于对暴动和革命的恐惧，采取了坚决的措施。一种措施是武力威慑——如剑锋一般，但还有一种更为含蓄的选择："娱乐"大众，从而使他们远离叛乱和暴动。罗马时期的这种"面包和马戏"政策曾被公元前1世纪的诗人居维诺（Juvenal）揭示出来并大加嘲讽，如今经过模式化和商业化运作之后，它又在当今的体育馆、电影院和购物中心等建筑中得以重现。

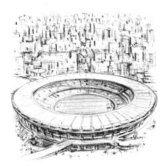

马拉卡纳体育场，里约热内卢

    从 19 世纪后期开始，管理者就把有组织的足球运动视作周末娱乐和转移工厂工人注意力的一种方式。里约热内卢巨大的马拉卡纳体育场是一座足球圣殿，也被用作摇滚音乐会的举办地。1980 年，教皇约翰保罗二世在这里举行了盛大的弥撒。

帝国电影院，阿斯马拉

    由年轻的意大利建筑师马里奥·墨西拿（Mario Messina）设计的阿斯马拉帝国电影院（1937 年）被漆成了帝王紫色，它的建造旨在庆祝墨索里尼对埃塞俄比亚的征服，以及一个短暂新罗马帝国的诞生。尽管如此，它还继续为阿斯马拉的电影爱好者提供娱乐。

康沃尔郡购物中心，里贾纳

    一座罗马风格的科林斯式门廊占据了康沃尔郡购物中心的中庭位置，这是位于萨斯喀彻温省里贾纳的一家购物中心。它的前身为古罗马时期宏伟的室内商场，如今被用作购物中心看起来分外合适，就像体育场馆一样，这里周末也会挤满人。

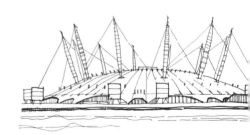

千禧巨蛋，伦敦

    作为 20 世纪末的轻量级竞技场，位于伦敦北部格林威治半岛的千禧巨蛋由理查德·罗杰斯（Richard Rogers）与合伙人事务所设计，为英国新工党政府推动的"千禧体验"展览而建造。现如今它则是一座音乐厅。

食物

位于鹿特丹的室内市场是一个由 MVRDV 设计的有趣且大胆的项目，市场内充满着美食和鲜花的货摊、时尚精品店、公寓、工作室和办公室。市场里甚至还有一所烹饪学校，能让忙碌的当地人挑选新鲜的食材制作料理。

鉴于其巨大的规模，城镇和城市需要大量的食物。然而，由于城市内只有少量的空间用于耕种，对其的需求也并不强烈，所以食物会从城市之外的地方运进，并集聚于位于更大、更昂贵的建筑物内的集市。在供给广大民众的同时，这些市场也成为美食的狂欢之地，启发和吸引着厨师们。随着超市的出现，人们以为城市内的市场似乎会消失。但实际上它们并没有，创新和另类的集市蓬勃发展。

集市上平面布局呈十字形的建筑物，奇切斯特

这种平面布局呈十字形的建筑物是中世纪欧洲城镇的常见景象。这里是农民、商人和艺人们聚集在一起销售商品的地方。这座位于奇切斯特，于15世纪晚期精心建造的平面布局呈十字形的建筑不容错过：它就位于西萨塞克斯四条主街道的交汇处。

勒阿尔市场，巴黎

勒阿尔市场可谓是"巴黎之腹"，这是一个巨大的食品市场，在19世纪发展到了鼎盛。它位于由维克托·巴尔塔（Victor Baltard）设计的铁艺玻璃大厅内。1971年，市场被搬到了郊区，旧的市场大厅被拆除，取而代之的是一个购物中心。

麦地那集市，阿勒颇

中东地区的集市可以称得上拥有最宏伟的室内市场。位于阿勒颇市中心的麦地那集市，这座至少可以追溯到1450年，其建筑在叙利亚内战中遭到严重的破坏。这个聚集了阳光、丝绸、香料和阴影的地方拥有长达13千米覆盖顶棚的街道。

中央市场，瓦伦西亚

瓦伦西亚的中央市场（1928年）是一件城市建筑艺术作品，它提供的食物与其建筑物一样美好。由加泰罗尼亚建筑师弗朗西斯科·瓜迪亚（Francisco Guardia）和亚历杭德罗·索莱尔（Alejandro Soler）设计，其拥有壮观的穹顶，色彩斑斓的陶瓷，马赛克图案和彩色玻璃。这个市场内有数以千计摆满了美食的摊位。

里昂火车站自助餐厅，巴黎

　　铁路迅速传播着一些事物，但却不包括巴黎的美食。由法国总统创办，于1901年开业的里昂火车站自助餐厅，是这座城市最豪华的餐厅之一。身处美妙的镀金天花板下，周身是漂亮壮观的画作，距离欧洲最快的火车站台仅几分钟的路程，人们在如此优美的环境中享受美食。

　　从解决饥饿的必需品到烹饪之乐，伴随着城镇和城市的逐渐成熟，人们在公众场合的进餐方式也发生了变化。餐厅自古以来就存在。到目前为止，在庞贝古城遗址中已发现158座酒吧或是咖啡馆。现代餐厅则是于18世纪中叶在巴黎被创办。随着常规用餐时间的减少，如今的城市街道上到处都是咖啡馆、快餐店以及兜售饮料和小吃的摊点。近几十年来出现的美食旅行已经使得城市餐厅能与历史悠久的旅游景点相媲美。

费沙维咖啡馆，汗哈利里

与美食、茶、咖啡和烟草一样，历史悠久的泡泡咖啡馆也是中东市集上的主要产品。而其中最古老的则是位于 14 世纪汗哈利里大集市的费沙维咖啡馆。这里充斥着摇曳的灯火，古色古香的木制屏风，铜质的桌面和气味香甜的烟雾。

双叟咖啡馆，巴黎

咖啡馆不仅仅是喝酒吸烟的地方，人们也在这里交流想法，闲聊。位于圣日耳曼德佩的双叟咖啡馆是一家巴黎消费场所，于 1884 年开业。西蒙娜·德·波伏娃（Simone de Beauvoir）和让·保罗·萨特（Jean Paul Sartre）等文豪、名流在这里进行思考创作，咖啡馆也以此闻名。

小饭馆，伦敦

在 18 世纪和 19 世纪的伦敦，小饭馆很常见。就像咖啡屋一样，这些公共餐厅是非常受欢迎的聚会场所。相比于在家中局促的环境里烹饪和进餐，在这座城市里外出就餐就更为方便，因为这些小饭馆就提供了这些必要的服务。

邮局塔餐厅，伦敦

从塔顶旋转餐厅的窗口望出去，邮政大楼（今天的英国电信大楼）高耸入云。它于 1964 年开业，曾是电信行业的一处壮景，在这里人们可以一边享受美味的法餐，一边俯瞰整个伦敦的景色。

公园

奎尔公园，巴塞罗那

英国花园城市运动鼓动了欧斯比·奎尔（Eusebi Güell）聘用加泰罗尼亚建筑师安东尼·高迪（Antoni Gaudí）在能俯瞰巴塞罗那的公园用地上设计一个新住宅开发项目。住宅计划失败了，但奎尔公园发展成为一个令人愉悦的超现实主义的公共空间，如今它已是一处世界遗产。

如果说食品市场是城市的腹部，那么公园就是它们的肺。古代的城市通常被视作光秃景致中的废墟。人们很容易忘记，尽管其中很多是经过极富想象力且精心布局的。随着人口在工业革命时期猛增，城镇和城市迫切需要绿地，而大型公共公园很久之后才出现。其中一些曾是皇家狩猎区，另一些则是全新的设计，有用作休闲和运动的茶室、喷泉式饮水器、人工湖和游乐区域。

难波公园，大阪

  屋顶花园一直是 20 世纪以来城市建筑的一大特色，但也许日本大阪的蛇形难波公园（2003 年）却是一个全新的事物。位于摩天大楼和毗邻购物中心的屋顶之上，周围有小溪、池塘和瀑布，它们为这座高楼林立的城市开创了一个绿色发展的先例。

植物园，格拉斯哥

  这座城市的植物园始建于 19 世纪初期，最初是为了满足格拉斯哥大学的科研需求而建。植物园位于世界上最工业化的城市之一的格拉斯哥西区，拥有众多温室和外来树种，成为一座备受喜爱的市民公园。

巴比伦空中花园

  传说中的巴比伦空中花园是古代世界七大奇观之一，据说因为尼布甲尼撒二世的妻子阿米提斯皇后想念其家乡绵延的山谷和葱郁的山丘，国王便在阶梯式的平台上修建了空中花园。

英国花园，慕尼黑

  由英国出生的美国物理学家和发明家本杰明·汤普森（Benjamin Thompson）为汉诺威的市民设计，并于 1792 年开放，慕尼黑开阔的英国花园深受英国景观园艺大师布朗（Brown）的影响，将边远的乡村景致带入了这座位于巴伐利亚城市的中心区。

天际线

大轰炸，伦敦

在 1940 年的伦敦大轰炸中，圣保罗大教堂的穹顶平静矗立于熊熊战火和大屠杀的硝烟之中，它的形象也表达了一座伟大城市的精神。

一座城市的天际线就是其公众形象，表达出它的身份、性格和勃勃野心，虽然寺庙一直高高矗立于普通建筑屋顶标高之上，但从 19 世纪晚期开始，摩天大楼拔地而起，远超其高度，从此即宣告着充满活力和拥有技术支持的商业新形式的力量。在 21 世纪，一些古老城市的面貌已经被改造得几乎无法辨认。一些城镇和城市在没有摩天大楼的情况下也繁盛起来，尽管这些摩天大楼常常出现在城市的边缘。

利物浦

从 1967 年起，利物浦的大都会教堂就成为这座城市天际线上受人欢迎的景观，衬托着它的伙伴——宏伟但却浮夸的英格兰哥特式教堂。

芝加哥

在芝加哥湖畔，这座"风城"以自信、强健的方式崛起。这座中西部城市的每一个角落都看起来是一个强大的商业和工业城市，人们将其财富投入华丽大胆的建筑的建设，这其中包括一些让人难忘的摩天大楼。

迪拜

1966 年，在这里发现石油后，迪拜瞬间就从波斯湾的沙漠中拔地而起。如今，作为一座全球贸易城市，迪拜摩天大楼林立，其中包括由 SOM 的安德·史密斯（Adrian Smith）设计的哈利法塔，截至 2015 年它是世界上最高的建筑之一。

萨尔斯堡

萨尔斯堡迷人的中世纪尖顶、绿色的铜质穹顶、巴洛克风格的宫殿构成的天际线以及防御工事和极富浪漫气息的屋顶让人联想到莫扎特和音乐之声的世界。因被美丽的群山环抱让这座奥地利城市成为如今的世界遗产之一。

隔离区

塞斯蒂耶里，威尼斯

威尼斯让世界各地的城市里拥有了"隔离区"这个名字（威尼斯是世界各地的城市中"隔离区"的发源地），威尼斯隔离区的历史可以追溯至1516年，它是一个塞斯蒂耶里（犹太隔离区），城市中的犹太人不得不居住于此。密集的居住使之形成了8层楼高的住宅区，让犹太区拥有了明显的建筑特征。其犹太教堂和犹太餐厅一直留存至今。

尽管将其视作城市中被严格隔离的区域，隔离区的历史却是很复杂的。从1084年开始，犹太人就被鼓励在罗马帝国的城市——施派尔定居，并在一个旨在保护他们的安全区域内生活和经营生意，特别是货币借贷。

芝加哥南区

　　拥有大片的钢铁厂、工厂和肉类加工仓库，从19世纪40年代到20世纪40年代，芝加哥南区吸引了大量外国移民，其中不乏美国内战之后释放的黑人奴隶。种族隔离、贫困、黑帮和犯罪接踵而至，足足花费了数十年的时间这些问题才得以解决。

绍索尔，伦敦

　　伦敦西部郊区的绍索尔从20世纪50年代起就吸引了来自南亚次大陆的移民。在新兴轻工业、医院和公共交通领域，这里存在大量的工作机会。绍索尔日渐繁荣，成为一个成功且充满吸引力的印度人移民的"飞地"，使其贫民区的印象彻底颠覆。

华沙犹太区

　　臭名昭著的华沙犹太区建于1940年，是纳粹德国的"杰作"。大约40万犹太人被塞进3米高的带刺钢丝网墙围成的2.1平方千米的城市街巷内。1943年，当那些没有被送往集中营的人们奋起反抗德国人时，他们和这个犹太区都被灭绝了。

犹太巷，法兰克福

　　法兰克福犹太巷是16世纪一条中世纪城墙外的封闭街道，照片将其描绘成一条看起来风景如画，木制商店和住宅林立的德国城市街道。但实际上它是一个人满为患、被封锁和封闭的犹太区，据传那里狭窄、压抑、肮脏。它在第二次世界大战中被摧毁。

公墓和纪念碑

拉雪兹神父公墓，巴黎

1804年，拿破仑·波拿马加冕称帝，巴黎第20区的拉雪兹神父公墓在此之后开放，从那时起，拿破仑就下令推行这种新型城市公墓。如今，这里有69000座纪念碑，它就像一座人口稠密的城市的"微缩版"。

随着18世纪欧洲主要城市的人口急速增长，教区内的教堂墓地变得拥挤不堪。同时，特别是由于如此多的尸体会助长霍乱等传染性疾病，其他地区埋葬逝者的需求也在增加。这导致了被设计为纪念公园的墓地的兴起，它们往往具有非凡及令人难忘的美感。就像纪念伟大胜利的英雄纪念碑一样，公墓赞颂和保存着城市的记忆。随着时间的增长，城镇和城市中的纪念碑比比皆是。

君士坦丁凯旋门，罗马

得胜的将军们沿着凯旋大道进入罗马。312 年，君士坦丁在一场关键战役中获胜，在这里建起了一座宏伟的拱门，以提醒罗马的公民们其城市和帝国的伟大。这座拱门启发了 18 世纪欧美建筑师。

大都会墓地，伦敦

1829 年，建筑师托马斯·威尔森（Thomas Willson）提议在伦敦樱草山上修建一座 94 层高的金字塔。埃及风格曾非常流行，而威尔森的金字塔将容纳五百万逝去的伦敦人。其显著的位置很大程度上说明了 19 世纪人们对死亡的尊重。

大火纪念碑，伦敦

从 1677 年 开 始，由克里斯托弗·雷恩（Christopher Wren）和罗伯特·胡克（Robert Hooke）设计，冠以一座镀金的火焰状骨灰坛，一根独立的、饰有凹槽纹的多立克式柱子，矗立于此以纪念那场伦敦大火。

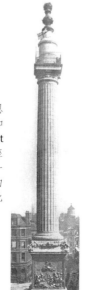

和平谷，纳杰夫

世界上最大的墓地就是和平谷，一座位于伊拉克纳杰夫，拥有 1400 年历史的死亡之城。和平谷全长 10 千米，近年来战斗在其无数的墓冢间发生。

媒体

《苏格兰人报》大楼，爱丁堡

整个 20 世纪，《苏格兰人报》都被安置在一幢特别精致、经过精心设计的浪漫主义建筑中。它在连接新旧城镇的爱丁堡新桥北侧占据着非常显著的位置。这家报社位于苏格兰首府爱丁堡的中心地带。

今天的报纸和媒体产业从印刷传单和咖啡馆杂志发展而来，除了让当地民众持续了解新闻，还通过新的交流方式向世界传递信息。媒体机构曾经在伦敦舰队街这类城市中特定的区域集中收集和传播新闻、创意和信息。电子媒体使得这种空间上的集聚不再必要。在 21 世纪，媒体可以在郊区的厨房里运行，就像在专门的街道和建筑物中一样。

弗雷特街，伦敦

弗雷特街，曾经一度是英国国家报纸的代名词。一些报刊投资兴建豪华的总部大楼，但没有一家可以和《每日快报》的装饰艺术风格相媲美；它于 1932 年开业，当时报纸发行量达到了数百万份。

《芝加哥论坛报》大厦

1922 年，《芝加哥论坛报》举办了一场国际竞赛，旨在设计"世界上最美丽、最独特的办公楼"。其结果是由约翰·米德·豪厄尔斯（John Mead Howells）和雷蒙德·胡德（Raymond Hood）设计的这座魅力十足的新哥特式报社大教堂脱颖而出。这份报纸如今在这里仍然十分受人欢迎。

苹果总部，库比蒂诺

影响深远的美国计算机和信息技术公司苹果公司一直是全球媒体的核心。在 21 世纪 20 年代，苹果在加州库比蒂诺建立了一座新的总部，由诺曼·福斯特（Norman Foster）设计，形似一个太空站或是巨大的甜甜圈。

肌理

太阳城，亚利桑那州

太阳城的街道像阳光一样从一个中央核心区域辐射而出，也许很适合这座 1960 年在美国最炎热、最干燥的州之一亚利桑那州建立的新城市。更引人注目的是，这是一座面向 55 岁以上退休人群的养老城。

城镇和城市也许会有机地发展。它们可能是经过规划的。无论它们如何出现，当被绘制在纸上或从空中俯瞰时，都表现为某种图案。有些像万花筒一般千变万化，有些则如棋盘一样理性。最迷人、最宜居的则通常是两者的混合，它们的城市肌理表现了秩序和令人振奋的城市生活的一种有利的结合。建筑师、规划师和管理者常常渴望甚至颁布法令力图建立完美、精确的城市；但很少能真正实现。

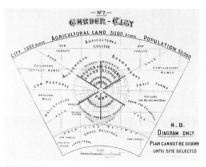

花园城市

花园城市是 20 世纪初的一次尝试，旨在为城市居民提供一个两全其美的选择：理性同时浪漫的思想，绿意盎然也有繁华的公共广场。有趣的是，花园城市运动的创始人埃比尼泽·霍华德（Ebenezer Howard）的理想化规划原型似乎根植于文艺复兴时期的几何学。

曼哈顿，纽约

曼哈顿网格模式是在 19 世纪初制定的，使得纽约秩序井然。即便如此，网格模式其刻板的特征被中央公园的自然风光所打破，而在其两端，网格则被更加有机的街道肌理所代替。

帕尔马诺瓦城

意大利建筑师追求的文艺复兴理念曾是理想的、以完美形式设计和建造的城镇和城市的典范。一般来讲，这些设想不过是白日梦，但在 1593 年，威尼斯建筑师成功让帕尔马诺瓦城，一座九角星形式的小镇，变为现实。

高速公路交叉口

城市高速公路交叉口、高架公路、下层车道和主要行车道可以视为汽车城市的理想代表。根植于速度，它们与人类测量、规划、设计、建造和居住的过去的城市生活截然不同。

城市与城镇

城市的类型和风格

引言

包容的城市

威尼斯保留了这个世界上最令人意想不到、最美丽迷人的城市风貌，它展现了一座城市是如何沿着运河在水上建造，并蓬勃发展起来的。从中世纪开始，它就成为世界上最为繁华和富有的城市之一。

在伊塔洛·卡尔维诺（Italo Calvino）令人惊叹的小说《看不见的城市》（1972年版）一书中，马可·波罗向忽必烈讲述了一系列幻想中的城市，这些城市散落在迷人奇异的蒙古帝国的广袤疆域上。但是最终，忽必烈意识到马可·波罗讲述的这些城市其实都有一个共同的原型，那就是他自己的家乡——威尼斯。这表明了一个城市的魅力可以从多个不同的方面去看待，并得到丰富多彩的描述。

《看不见的城市》诚然是一个有趣的幻想著作。但是正如卡尔维诺的讲述者马可·波罗从他脑海里对威尼斯的记忆中演化出了三千世界一般，世界各地的城镇都有着惊人的多样性和独特的个性。当然，这些城市或许会共享某些关键的元素，比如人类千百年来驯化的各种各样的动物和植物。

城市已经适应了不同的景观，它们各自都有着独特的服务功能，如港口、堡垒、金融中心。尽管在21世纪的全球化时代，正如卡尔维诺在他的小说中所警示的那样，这些城市景观已经开始趋于同一性，因为传统的手工艺和工业要让位给没有地域限制的国际零售业和服务业，并且和越

来越缺乏场所特性、越来越没有灵魂的建筑被包裹着同样的外形。

尽管现状如此，世界各地城镇的多样性依然丰富得如同图文并茂的百科全书。有些一眼就能从它们的街道和天际线中看出几千年来城市发展的故事，王朝政权更迭的痕迹在第一次踏进这座城市的时候就可以被破译和解读。当然，也有一些城市几乎消失在沙漠里，消失在干涸的河谷中，甚至消失在高耸入云的山巅之上。

从这个意义上来讲，城市和村镇可以被看成是生命有机体，它们生长、成熟，而后出于各种各样的原因——战争、疾病、气候变化，或是完全未知的神秘——它们衰落了，又归于尘土，甚至是从人们的视线中消失。

不受约束的城市

被誉为"美国西部最具西部风情的小镇"——亚利桑那州的斯科茨代尔市，从19世纪90年代开始迅速发展起来。几个世纪前，美洲原住民用水渠灌溉了这片干旱的土地，而今天，斯科茨代尔市广受居民欢迎，并向四面八方拓展着。

最早的城市

概述

乌尔城的齐格拉特神塔

古代苏美尔人用泥砖砌筑成了陡峭的金字塔，这些金字塔在今天的伊拉克南部形成了一座人造小山。国王乌尔纳姆在公元前 30 世纪建造的齐格拉特神塔曾经一度担任着神庙和行政中心的职能，从建成年代开始它已经历了数次修复。

根据世界上最古老的英雄史诗《吉尔伽美什史诗》的记载，"当芦苇还没有生长出来，树木还没有被创造……房屋和城市还没有盖好，所有的陆地都还是海洋的时候，埃利都就已经存在了。"这很有可能是世界上最早的城市。在美索不达米亚人的心目中，城市和人类是一同兴起的。在底格里斯河和印度河之间的其他地方，新生的文明和最初的城市是同义词。虽然城市可能是令人无法容忍的地方，但正是在城市中我们孕育了文明本身。

乌鲁克城

　　公元前 4000 年左右建立的乌鲁克城在一千年后迎来了鼎盛时期。它的庭院、工作车间、街道，甚至是神庙都为我们所熟悉。但是在那之后，由于幼发拉底河的改道，乌鲁克城被遗弃在沙漠中。

恰塔霍裕克

　　这座位于安纳托利亚南部恰塔霍裕克的由新石器时代的房屋排列形成的蜂巢状迷宫一样，其历史可以追溯到公元前 7500 年。它在 1958 年的时候被发现，这是一个人类早期文明形式的城镇，人口多达一万人，但迄今为止考古学家还没有发现这座城市存在任何社会等级制度的迹象，更别说神庙了。

埃利都

　　古代苏美尔人的城市并不是建在沙漠里的。在公元前 5500 年左右建立的埃利都，位于靠近幼发拉底河河口的波斯湾沿岸。它曾经是一个繁荣的港口，同时也是一座圣城，甚至在洪水改道、沙漠吞噬了这座城市之后，它仍然受到人们的尊敬。

苏美尔雕像

　　人们关于在青铜时代建立苏美尔城的国王和祭司们的记忆已经模糊到甚至在神话和传说中都被遗忘了。直到 19 世纪 40 年代开始的考古发掘才使得这些非凡的雕像得以重现世间，这些雕像囊括了各个领域的远古西方文明的奠基人，有数学家、纪念性建筑师、天文学家、文学家，甚至还有会计师。

印度河流域

在 1922 年被发现的摩亨佐·达罗（又称"死丘"或"死亡之丘"）是印度河流域的主要城市之一。没有人知道它的原名，而今天，废墟正处于随时崩塌的危险之中。这座城市的中心是一座城堡，以其公共浴室和会议室而闻名。

在公元前 2500 年的青铜时代，哈拉帕文明的鼎盛时期，大约有 500 万人曾经生活在印度河流域的城市里。这些大型的精心规划过的城市在 19 世纪 60 年代被发现，每家每户都带有庭院，城里还有全面有序的供水和垃圾处理系统。尽管哈拉帕语还没有被破译，但是可以看出这些城市几乎都没有社会等级存在过的迹象。最终，这个横跨今天的巴基斯坦、印度和阿富汗的古老文明很可能由于长期的干旱，在公元前 1700 年的时候灭绝。

摩亨佐·达罗遗址的平面

摩亨佐·达罗的城市平面由网格状的街道和四四方方的建筑所组成。在市中心城堡下面的一个市场两侧坐落着排列整齐的房屋，许多房屋都有自己的水井。不难想象，这里的生活可能比许多近现代的城市都更加文明。

文化

在印度河流域一些被遗弃的城市里，人们发现了牧师、国王、儿童、商人和舞女的雕像，其中很多是泥塑，大约有 4500 年的历史。这些雕像使我们对这些早期文明的生活和文化有了一定的了解。

有组织的社会

一个由水井、排水沟和下水道组成的综合性排水系统表明，印度河流域的城市是被高度组织起来的，有中央政府和行政管理的迹象。城市里不仅有公共浴室，还有公共厕所，就像在家里一样用自来水冲洗。这显然是一个清洁的时代。

日常生活

在印度河流域的城市里，用陶土制成的模型和雕像是很常见的，它们一般用来描绘城市日常生活，如牛车运送罐子。它们呼应了在当代埃及城市中发现的一些东西，并且使我们得以窥见早已消逝在漫长历史中的人类早期的居民生活。

古埃及

吉萨大金字塔

  吉萨大金字塔和伴随着它的狮身人面像曾经是这座陵墓建筑群的一部分，这里同时也是第一批严格规划的城市之一，为建造这些神秘遗迹的工人而建，城里配备有面包房、酿造厂和医院。

  古埃及神秘遗迹的未解之谜一直困扰着我们，其历史、宗教、艺术、文字和仪式也令人魂牵梦萦。这一古老文明的存在以及其与生俱来的精神，都归功于尼罗河的潮起潮落。虽然埃及法老生活中的各个层面往往被认为与世隔绝，但是事实上，它们都与大型、繁忙的城市生活模式密切相关。由于记录下埃及城镇日常生活的街道和建筑早已消失，如今我们只能从残存下来的遗迹中一瞥古埃及文明的风采。

阿匹斯神庙，孟菲斯

公元前 323 年，亚历山大大帝在埃及的孟菲斯被加冕为法老，同时也在阿匹斯神庙留下了自己的画像。这一事件标志着当时的埃及首都孟菲斯的没落，曾经作为国际化大都市的地位被新的地中海港口城市亚历山大所取代。由此可见，政治和经济决定着一个城市的命运。

塞提一世神庙，阿比多斯

位于阿比多斯的塞提一世神庙本身就像是一座规划好的城市，在精确砌筑的石墙立面之外是对称的庭院和大厅。神庙及其所供奉的神祇对于埃及人来说是如此重要，以至于这些建筑几乎都成为它们所在城市的标志物。

卡纳克神庙，卢克索

位于卢克索的卡纳克神庙有着极为悠久的历史，它的建造过程历经了 30 位法老，其规模和复杂性足以等同于一座城市。神庙内错综交替的封闭空间和开放空间、矗立着巨大石柱的大厅以及对光影的把握，对于今天的城市设计也有很多可借鉴之处。

圣经中的城市

巴别塔，巴比伦

《圣经》中记载的巴别塔是一座由人类修建的、希望能通往天堂的高塔，约有 90 米高。尼布甲尼撒二世（公元前 604—公元前 562 年）成为新巴比伦的国王之后，重建了这座通天塔，是这座城市取得重大发展的标志。它控制着巴比伦城的天际线，就像大教堂和摩天大楼在未来的几个世纪里所做的那样。

《旧约圣经》讲述的是犹太人的故事，他们在出埃及后四处找寻属于自己的家园。事实上，许多圣经中虚构的城市，规模就和一座大型村庄或是有设防的小镇差不多，而在《旧约圣经》中被描绘为罪恶之地的那些城市，尤其是巴比伦，是当时规模最大、最为奢华淫靡且令人印象深刻的城市之一。其他的一些大城市，比如索多玛和蛾摩拉，也许是被地震摧毁了。

楔形文字

刻画在泥板上的楔形文字是苏美尔地区最早出现的文字形式。值得注意的是，它最早涉及的是货物和食物的清单——这是一种用来记录和指导城市储备和供应方式的方法。人们用削尖的芦苇笔书写着自己的文字，记录着城市的崛起。

伊什塔尔门，巴比伦

伊什塔尔门曾经是巴比伦城墙的一部分，当时巴比伦城在尼布甲尼撒二世的统治之下处于鼎盛时期，传说中的空中花园也是在这一时期修建的。这座城市里充斥着色彩斑斓的建筑，而表面覆盖着蓝色釉面砖的伊什塔尔门正是通往这个瑰丽世界的第一站。

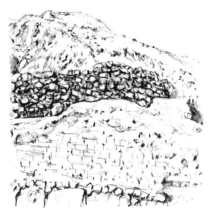

耶利哥之墙

耶利哥城是新石器时代的一个聚居地。传说约书亚带领军队围城行走七日然后一起吹号，上帝遂以神迹震毁城墙，使犹太人攻破了这座城市。然而事实上，早在这之前耶利哥的城墙就已经倒塌了几个世纪。

古典城市

雅典卫城

雅典卫城是古代雅典的防御堡垒，从新石器时代开始就有人在此居住。公元前460—公元前430年，希腊城邦打败了波斯帝国，随后雅典在伯利克里的统治之下迎来了民主政治的"黄金时代"，如今雅典卫城那令人难忘的外形和著名的遗迹——尤其是帕提农神庙，都是在这一时期修建的。

两千多年来，古希腊的城市启示着一代又一代的城市规划师和建筑师。人们相信古希腊是民主、哲学和戏剧的起源之地，它凭借着雄伟的建筑和优美的环境，在全世界文明社会人民的心目中占据着特殊的地位。就和向它们借鉴了很多的罗马城市一样，希腊这座城市比学者们想让我们认为的更加具有活力，也更加混乱。

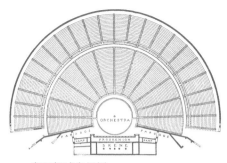

埃皮达鲁斯剧场

　　埃皮达鲁斯的露天剧场也许是这个世界上最美的剧场之一，它有着完美的音响效果、壮丽的景色和令人叹服的建筑结构。这里曾经是古希腊一个疗养中心的一部分，在一块小的城市飞地里面，配有旅馆、体育馆和矿物泉，由建筑师阿特戈斯和雕刻家波留克列特斯在公元前 340 年共同设计建造。

米利都城市规划

　　米利都是位于安纳托利亚半岛的一座古希腊城邦。公元前 5 世纪，建筑师和思想家希波丹姆斯（Hippodamus）重新规划设计了这座城市，他遵循古希腊哲理，探求几何与数的和谐，以棋盘式的路网为骨架，笔直的街道通向明确规整的城市中心广场。米利都是第一个采用这种规划思想的城市，它深刻地影响了西方世界之后2500 年的城市规划。

阿塔罗斯柱廊，雅典

　　阿塔罗斯柱廊现在是一个高级的双层购物商场，它始建于公元前 150 年，在 20世纪 50 年代重建。在古雅典时期，柱廊俯瞰着城市的中心集会场所和集市广场，在这里，城市的商业和贸易活动是在可以与神庙和宫殿相媲美的建筑中进行的。

在希腊与罗马之间

迦太基

古罗马元老院议员老加图曾在他的著名演讲中多次宣布"迦太基必须被摧毁"。他在公元前 146 年去世,三年后,罗马人终于在与之抗衡斗争了多年之后,征服了这个北非城市及其帝国。

古典世界常常被明确地划分为希腊文明和罗马文明。随着这两大文明的影响力和势力范围的扩张,在地中海沿岸出现了许多重要且风格特异的城市。这些城市串联起来就像一条航线,连接了欧洲、非洲和亚洲,连接了腓尼基和不列颠,向西方世界广泛地传播了关于建筑、城市规划和古典文明的思想。其中有一些城市繁荣兴盛了起来,还有一些则随着罗马文明的迅速发展扩张而消失。

提尔

提尔城位于今天的黎巴嫩境内,是古代腓尼基人的城市,建于公元前2750年,在与地中海沿岸甚至更远地区的贸易往来中发展壮大。就如同其他有战略意义的港口城市一样,提尔城关键的地理位置也意味着它被入侵了许多次。城中最重要的考古遗址可以追溯到罗马时代。

亚历山大

今天的亚历山大港位于埃及海岸线上一条东北—西南向伸展的狭长地带,长约32千米,在公元前331年的时候由亚历山大大帝建立,他的建筑师狄诺克拉底(Dinocrates)创造了一个宏伟的、棋盘式的有柱廊的城市中心。这座城市曾经数次被入侵且遭受到严重破坏,但它就像凤凰一样,一次又一次地从灰烬中涅槃重生。

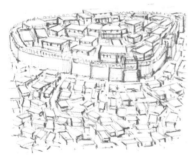

特洛伊

特洛伊在公元前1190年就被希腊人摧毁了。这座被城墙围绕的古城位于安纳托利亚的海岸线上(今天的土耳其境内),在1822年的考古发现之前,它一直被认为是荷马史诗中虚构的城市。尽管如此,直到1988年特洛伊才被证明,这个看似只是堡垒的地方确实是一座城市。

哈利卡那索斯的摩索拉斯王陵墓

哈利卡那索斯的摩索拉斯王陵墓是古代世界的七大奇迹之一,约建于公元前350年。这里是摩索拉斯的长眠之地,正是他将这个岛屿城市(远离今天的土耳其海岸线)变成了一座熠熠生辉的古典城市,这里有大理石建筑,也有铺设好的道路和广场。

罗马

万神庙

哈德良皇帝在126年重新修建了万神庙，在这一过程中，他塑造了这个世界上最为宏伟、最具影响力的建筑之一。万神庙是一座供奉古罗马所有神明的神庙，圆形的建筑主体上方覆盖着一个令人惊叹的、有着方格天花板的混凝土穹顶。今天，它面对着麦当劳的金色拱门。

墨索里尼时期建造的罗马文明博物馆位于罗马市近郊，在它简洁朴素的新古典主义风格的大厅中，游客们可以看见一个比例为1：250的古罗马城市模型，模型还原了4世纪早期君士坦丁大帝统治期间的古罗马城市风貌：这是一个有着125万人口的城市，城中有许多著名的遗址墓葬、宫殿、水渠、多层公寓楼和迷宫般的街道、剧院、公共浴场以及其他娱乐场所——古罗马城市简直令人叹为观止。

奥古斯都·凯撒

奥古斯都是罗马的第一任皇帝。在公元 14 年去世之前，他曾这样夸耀自己的功绩：“我来时是一座用砖建造的罗马城，却留下了一座大理石的城。”他确实发起了一项庞大的建筑计划，不仅仅在罗马，而是蔓延到了他不断扩张的帝国疆域中的各个城市。

公寓楼

罗马不断增长的人口使得高层混凝土公寓楼（集合住宅）的建造成为必然，大约有 45000 栋建于 3 世纪。其中一些公寓有九层楼高，较高的楼层最不受欢迎，因为当时缺少自来水和抽水马桶。

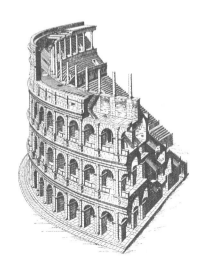

罗马斗兽场

斗兽场于公元 80 年向公众开放，直到今天依旧是世界上最大的圆形竞技场。它以一个平民的姿态矗立在不受欢迎的暴君尼禄的花园里，周围是罗马人从耶路撒冷洗劫回来的战利品。斗兽场可以容纳大约 80000 人一同观看血腥可怕的角斗。

后罗马时代

苏利斯之泉，巴斯

巴斯的拉丁文名字是 Aquae Sulis，意为"苏利斯之泉"。罗马人热爱洗澡，尤其爱洗热水澡，为了纪念他们在巴斯发现了为凯尔特人所崇拜敬奉的"圣泉"，他们修建了一座神庙用于供奉苏利斯女神，还建造了一个有顶的温泉浴场。虽然现在温泉浴场的屋顶已经没有了，但这座遗址作为罗马城市理念和文明的见证而存在着。

罗马帝国在公元前 27 年建立，以此结束了 500 年的共和国历程。在接下来的 450 年中，它将持续容纳 7000 万人口，相当于世界总人口的 1/5。为了确保帝国统治下的秩序与和平，以及一定程度的共通性，帝国版图内的城市都遵循了罗马风格进行建造或改造，平面则尽可能地基于希腊式的理性的网格状来布局规划。这些城市直到今天依然是学者和城市规划者的灵感源泉，例如巴尔米拉。然而可悲的是，这座伟大的古城已经被 21 世纪的野蛮入侵者破坏殆尽。

巴尔米拉的剧院

　　几个世纪以来，巴尔米拉（在今天的叙利亚）的绿洲一直为穿越叙利亚沙漠的商队提供中途栖息地。当罗马皇帝哈德良在 129 年来到这里时，他将这个小镇重建成了一个宏伟的希腊式城市，由一条长长的柱廊构成的街道通向壮观的露天剧院。

奥斯蒂亚的公共厕所

　　除了高架水道和其他设施之外，罗马人还为整个帝国的公民提供了公共厕所。今天依然可以发现许多公共厕所的遗迹，但或许保存最好的一个是在古罗马本土的港口城市奥斯蒂亚发现的。这些公共厕所往往修建在神庙旁边，其清洁度显然与对神明的虔诚度相差无几。

尼姆的加德桥

　　宏伟的加德桥位于法国勒穆兰附近，是全长 50 千米的古罗马高架输水道的一部分，负责将淡水引入到尼姆市。这项宏伟的工程建于 1 世纪中叶，以庆典的方式展现了流动的淡水对古罗马的城市来说是多么重要。

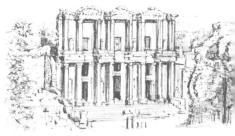

塞尔苏斯图书馆

　　塞尔苏斯图书馆在 125 年由一位罗马亚细亚行省的省长建造，在帝国鼎盛时期存放了 12000 多卷书籍。它位于爱奥尼亚城（在今天的土耳其）的中心地区，这里在罗马帝国的统治下曾一度繁荣昌盛。然而这座恢弘的图书馆最终却被对建筑、城市规划和书籍丝毫不关心的哥特人付之一炬。

中国和其他远东地区的城市

紫禁城，北京

中国古代的城市结构紧凑有序、层次分明，往往通过复杂的庭院设计进行区分。北京的紫禁城，作为建成于15世纪时期的皇宫，当时是城市的中心，一系列复杂的庭院中共建有9000多个房间。

概述

早在166年，罗马使团第一次到达古老的中国，开启了两个伟大国家的首次相遇和贸易往来。罗马使团最初抵达的是位于洛河和伊河交汇处的洛阳，这里是中国最古老的城市之一，也是东方文明的起点。

万里长城

在过去的 2000 多年里，长城经历了多次修建和重建。始建于公元前 221 年的长城由秦始皇创建，长城提供了重要的国防保障。

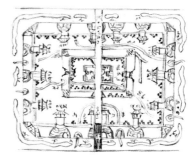

城市规划

汴京是根据精确的几何学进行布局规划的。12 世纪初，当时的建筑和规划部门发布了建筑和规划手册，并在全国推广，以确保城市规划和设计的一致性。

大雁塔，西安

正如欧洲城市随处可见的教堂，宝塔是中国传统城市的重要组成部分。西安大雁塔，始建于 652 年，饱受天气、战争和地震的影响，历经多次重建。

钟楼，西安

西安钟楼是明太祖朱元璋于 1384 年建造的。钟楼位于城市中心，砖木结构，象征着皇权，也起着警戒作用，一旦发现险情，钟声就会响起。

省属城镇

凤凰古城临江客栈

凤凰古城的临江客栈位于沱江两岸，拥有与北京或上海完全不同的村落建筑。依然保留着18世纪建筑风格的木制吊脚楼、古城墙、小巷、寺庙和花园，使得这里成为一处迷人的地方。

近几十年来，中国经济快速发展，一些历史名城的面貌发生了巨大的变化，省属城镇也面临同样的情况。然而，许多传统且关键的城市设计元素都可以在一些古老的聚落中找到，在这些聚落中一些古老的城墙、运河、庭院住宅和花园蕴藏着悠远的却已经被城市蔓延所消退的历史文化。

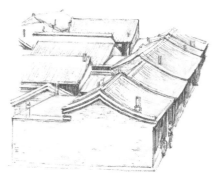

平遥四合院

平遥古城墙内有几千座传统的四合院，每一个四合院都像是一座微型城市。像这样的房子在大部分地区都消失了。值得庆幸的是，一些四合院已经被开发成配备了无线网络和空调的现代酒店。

苏州耦园

位于江苏省苏州的耦园展示着中国古典园林的悠久传统文化。耦园被运河贯穿，有假山和小桥与 24 座亭台楼阁。

上海朱家角

朱家角就像是微型的威尼斯，是上海附近的一个运河小镇。朱家角建于 1700 年前，曾经是大米和布料的交易重镇。朱家角以其精致的美食而闻名。但是，其中心的过度开发可能破坏了这个古镇的特色和独特品质。

高棉帝国乃至东南亚

吴哥窟寺庙群

吴哥窟巨大且令人印象深刻的佛教寺庙建筑群始于12世纪初。以假借风格化的山来设计，五峰须弥山是创造之神梵天的家，如今它被护城河环绕，挤满了游客。

高棉帝国（802—1431年）以今天的柬埔寨为中心，凭借水稻生产和武器变得极其富有。12世纪顶峰时期，它的帝王创立了那个时代最伟大的城市之一。这就是吴哥王城（大吴哥），一个人口15万人、高度组织化的首都。虽然城市里的城墙、纪念墙、运河和寺庙都保存了下来，但世俗建筑都已烟消云散。道路两旁林立着宾馆和医院，通向所有城镇。

高棉寺庙

  高棉寺庙的莲花花蕾冠或柱头都是精神符号或自然雕刻的广泛建筑语汇的一部分，尤其是动物，使得帝国的宗教场所和城市更有活力。城市和自然世界紧密联系在一起，无法分离。

婆罗浮屠寺院

  从远处观察，在爪哇中部的婆罗浮屠的佛教寺院和一些传说中的城市极为相似。

万丹省

  万丹省（印度尼西亚）是一个典型的例子，它曾是一个重要的海洋城市，被作为竞争对手的欧洲列强们争夺。17世纪荷兰取得胜利，自那时起，万丹省在后殖民世界又变回到了一个小渔镇的地位。城市确实并不总能成长。

美洲的城市

引言

特奥蒂瓦坎的太阳金字塔

1519 年，西班牙征服者们行军穿越墨西哥谷时，一众巨大的建筑物令他们眼花缭乱、惊奇不已——特奥蒂瓦坎的太阳金字塔就是其中之一。这座金字塔是在大约公元 100 年由一个未知的文明建造的，是特奥蒂瓦坎这座拥有 15 万人口城市中一个巨大的宗教建筑群的一部分。

"我们看到有许多城镇建在水上，旱地上也有许多大城镇，这使我们感到非常惊奇……有些兵士甚至在问，我们见到的景象是否是梦境？我真不知如何描述才好。"（出自贝尔纳尔·迪亚斯·德尔·卡斯蒂略（Bernal Díaz del Castillo），《征服新西班牙信史》）美洲城市的规模、独创性和富丽堂皇让那些不知道它们存在的欧洲人感到震惊，它们比西班牙人的城市更大、更干净，规划也更加合理，而西班牙人摧毁了它们。

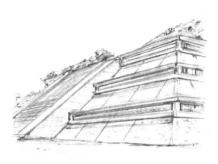

乔鲁拉大金字塔

特奥蒂瓦坎并不孤单：乔鲁拉的大金字塔甚至比太阳金字塔还要大，它在今天看起来像一座长满草的小山。乔鲁拉是一座建于公元前 2 世纪的中美洲城市，据说这里原来有 365 座神庙，但最终却被西班牙人用 50 座天主教教堂所取代了。

特诺奇蒂特兰

令人惊叹的阿兹特克帝国首都特诺奇蒂特兰建于 1325 年墨西哥特斯科科湖中的一座岛上。这座城市通过桥梁和堤道与大陆相连，城中运河交错，由两条渡槽供水，并保持一尘不染。1521 年，西班牙征服者摧毁了这座城市。

阿兹特克城市的娱乐活动

早在公元前 1400 年，中美洲各地的城市就在它们城中的庙宇旁边搭建起了砖石砌筑的球场。阿兹特克人坚持了这一传统，他们进行的是一项古怪的运动，规则有点类似于激烈的排球比赛，但是获胜的球队有时候会被献祭给神明——他们认为这是一种荣誉。

特诺奇蒂特兰的大神庙

活人祭祀是阿兹特克城市生活中特有的一部分。1487 年，特诺奇蒂特兰第六大的神庙——大神庙建造完工，在它的开幕仪式上，约 4000 名战俘被活生生地从胸腔中掏出了那还在跳动着的心脏，他们鲜血淋漓的尸体被毫不留情地踢下了神庙的台阶。

玛雅城市

奇琴伊察的库库尔坎神庙

宗教仪式是这些神秘的玛雅城市的核心和灵魂。奇琴伊察是玛雅人最好的城市之一，城中的库库尔坎神庙是为他们崇拜的羽蛇神所建。在每年的春分和秋分之日，神庙北侧的边墙会在太阳照射下形成蜿蜒的蛇形阴影，投射在神庙 365 级台阶之上，宛如一条巨蛇从塔顶向大地游动。

玛雅人并没有像人们所认为的那样完全消失。今天，大约有 500 万玛雅人生活在危地马拉，但是他们伟大的城市文明却从 900 年开始就衰落了。玛雅人的城市文明由 40 多个城邦所组成，它们通过繁荣的贸易路线连接在一起，以神庙、天文台、市场、球场和学校而闻名。玛雅人有著名的数学家和天文学家，然而西班牙人在 1697 年摧毁了玛雅最后一个独立的城镇，并毁坏了他们大部分的学识和著作。

玛雅城市风光

　　玛雅城市的标志性核心地区包括重要的宗教和行政建筑以及杰出公民的住宅。在这些核心地区之外，城市向周边的丛林蔓延。丛林吞噬了许多玛雅人的城市，其中一些城市至今仍未被发现。

帕伦克

　　帕伦克是位于墨西哥南部的玛雅城市遗址。值得注意的是，它被考古发掘出来的部分不超过其原有面积的10%。至今仍有多达上千座建筑物被掩埋在周围的雨林之中，帕伦克也许是这些城市中最吸引人、最清晰可辨的一个。

埃克巴拉姆的美洲豹之墓

　　"美洲豹之墓"是玛雅统治者的房子和坟墓，在埃克巴拉姆的鼎盛时期，它属于乌克·坎·勒克·托克，也许在这位统治者的有生之年，这座建筑被装饰上了生动的雕塑，将这些雕塑镶嵌在这座风格独特的美洲豹样式建筑的下颚和牙齿之间：玛雅人的城市总是被赋予象征意义。

乌斯马尔的总督宫

　　乌斯马尔的总督宫是一座气势恢弘的水平向建筑，建在巨大的平台上，墙上雕刻着玛雅雨神恰克的面具作为装饰。这座建筑的主门与金星的方位是一致的——事实上，整个乌斯马尔城市的布局似乎植根于天文学，而非出于纯粹的世俗考量，城中主要的建筑都是根据当时已知行星的位置而排列的。

印加城市

马丘比丘

因没有被西班牙人发现而遭到更多的破坏的马丘比丘，是世界上最激动人心的城市之一。它位于海拔 2400 米以上的更广阔世界，在 1911 年很少有人知道这个神奇的地方。即使今天，也没有通往这座山城的现代化道路。

印加是在 1526 年西班牙人到达这里之前的仅仅一个世纪才发展成为帝国，但是后来由于征服者带着强大的武器、背信弃义和致命的疾病等因素，使大部分安第斯人突然死去。然而在他们帝国短暂的辉煌岁月里，印加人坚强不屈。从秘鲁向南经过智利，在山高处修建了一些引人注目的石城，这些石城不是以几何图形布局的，而是以鸟类和动物的形状布局的。

奥兰塔坦博计划

奥兰塔坦博镇比马丘比丘城高 1000 英尺（1 英尺 =0.3048 米，下同），是 16 世纪印加抵抗活动的最后一道堡垒。该镇现在仍然有人居住，被布置成网格状平面，中心广场很大，是典型的印加城市。漂亮的石头房子排列成梯田状环绕着整个城市。

乔奎里奥

在采用 15 分钟一趟的缆车将大众旅游带到这里之前，乔奎里奥只能通过每天爬山和越过山脊才能到达。在许多方面这座城市与马丘比丘相似，都有辉煌的阶地、平坦的山顶广场和复杂的供水系统。

萨克沙瓦曼

萨克沙瓦曼是印加的要塞城镇之一，由一座古老的城堡重建而成。城墙保护着一个很大的中心广场，据推测该广场用于宗教仪式和节日庆典。后来废墟中城镇中较轻的石头被带下山去建造西班牙殖民城镇库斯科。

胡丘伊·库斯科

再走两天的路程，就到了胡丘伊·库斯科（3600 米），那是一个印加小镇，沿着高高的阶梯，爬上房屋围合的街道，俯瞰着神圣的山谷。要在那么高的山上建造小镇还有可靠的排水和供水系统需要独创性、技巧和持续的努力。

穆斯林地区的城市

引言

智慧宫，巴格达

762年，阿拔斯王朝的哈里发·曼苏尔（the Abbasid Caliph al-Mansur）在底格里斯河河畔建立他的新首都——巴格达。这里成为文化、贸易及学术的中心。著名的智慧宫是当时世界上最大的图书馆之一，汇集了多种文化的学术成就。

在620—750年，伊斯兰教的传播十分令人瞩目。这个新兴宗教以及它的军队从阿拉伯出发，征服了从西班牙延伸到印度的边境区域，并以北非海岸作为连接乡镇和城镇。尽管存在地区差异，伊斯兰城市还是很容易被识别，它们的中心由清真寺和尖塔占据主导地位，聚集了众多市集。

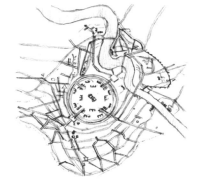

巴格达城市规划

巴格达以一个带有放射状街道的巨型马车车轮的形式来规划，这是一个完美真实的理想化设计，其核心是曼苏尔的宫殿，一个汇聚孔雀、诗歌、政治以及宗教的地方。在 1258 年，这个城市被外族人占领，图书馆遭到毁坏。

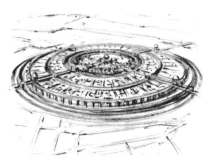

百万人口城市，巴格达

到 13 世纪，曼苏尔的巴格达能成为世界上最大的百万人口城市的关键是其复杂巧妙的供水系统。当被外族人破坏后，巴格达同时失去了其丰富的农业支持、公共浴场以及众多喷泉。

伊斯兰宗教学校的庭院

伊斯兰宗教学校在伊斯兰城市中发挥了关键作用。学生、文士和科学家蜂拥来到穆斯坦西里亚宗教学校，学校围绕着一个中央庭院，拥有浴室、厨房、宿舍、礼拜殿以及教室。它在 1258 年遭到损坏后被重建，幸存至今。

螺旋尖塔，萨马拉

位于伊拉克萨马拉精美的 52 米螺旋尖塔在外族人入侵中幸存下来，尽管这座当时世界上最大的清真寺的主体几乎全部被摧毁，只留下了墙壁。这座清真寺的历史可追溯至 851 年，在建筑爱好者阿拔斯王朝的哈里发·穆塔瓦基勒的命令下建造。

开罗乃至北非

开罗伊本·图伦清真寺

伊本·图伦清真寺是由公元 9 世纪的埃及统治者艾哈迈德·伊本·图伦（Ahmed Ibn Tulun）建造的，它的设计是以一个巨大的庭院为基础的。它纯洁、严肃，甚至有战争色彩，它具有质朴的外观，而且基本上没有变化地被保存下来。

亚历山大曾很长时间是埃及的首都，641 年阿拉伯人征服了法老的土地。经过哈里发王朝的争斗，969 年开罗建成了中世纪一座伟大的城市，并且延续至今。王朝更迭并被卷入伊斯兰战争，开罗成为一座有着巨大城墙的穆斯林城市。其特点是雄伟的清真寺和宫殿，以及广阔的有顶棚的市场，还有一片风格化的墓地和美丽的商人住宅。

中世纪开罗天际线

中世纪开罗的天际线简直令人心旷神怡。繁华的圆顶、尖塔和其他塔楼林立，让人联想到伟大的中世纪城市，不管是属于伊斯兰还是其他文化，都给人感觉其鼎盛时期的状况。

开罗的街头艺人街

尽管人们对这个古老的技能越来越不感兴趣，但开罗的帐篷制造工坊至今仍然存在。这个技能将中世纪的开罗和 7 世纪的阿拉伯干旱地区联系到一起。一些帐篷制造者的工坊已经由尖顶变成了平顶，但是其中世纪的氛围仍非常明显。

开罗卡利利市场

开罗广阔的卡利利市场始建于 1511 年，当时已是最后一个马穆鲁克苏丹的时代，大门和街道的壮丽，表明贸易对开罗市这座城市是多么重要。

凯鲁万大清真寺

凯鲁万大清真寺是一座堡垒状的综合体，它包含一个大的礼拜殿。征服者的入侵和占有欲，导致了 670 年这座清真寺和城市的建立。

基督教城市

君士坦丁堡圣索菲亚大教堂

君士坦丁尼一世在漫长的统治时期（527—565年）成功地统一了东罗马帝国，伴随着宏伟的建筑规划，他建造的叹为观止的圣索菲亚大教堂（意为神圣的智慧）是千年来世界上最大的教堂。君士坦丁堡开始激励新一代西方君主。

330年，君士坦丁一世把拜占庭定为罗马帝国的首都。他的"新罗马"——君士坦丁堡——兴旺发达，成为一个讲希腊语的基督教城市。最初，它用从西方运来的石头、大理石和柱子铺设了街道并建造了圆形剧场、宫殿和浴池。君士坦丁堡成为反对伊斯兰教扩张的堡垒，在黑暗的时代，它继承了基督教和古罗马的文明火种，包括古典建筑和城市规划的思想。

费奥多西斯城墙，君士坦丁堡

　　君士坦丁堡作为罗马和希腊文明进入黑暗时代后的堡垒，被古代最持久伫立也是最令人印象深刻的坚固城墙所包围，这些城墙由费奥多西斯二世在 5 世纪建造，当时在阿提拉疯狂的进攻中却基本上完好无损。

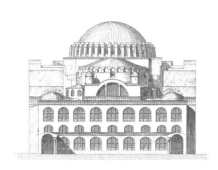

圣索菲亚大教堂，君士坦丁堡

　　大教堂的规模和独特性标志着建筑设计和城市建筑的一个新高度。

亚琛帕拉廷教堂

　　800 年，查理曼在亚琛（德国）加冕为罗马帝国的第一任皇帝。他使欧洲大部分地区重新统一，开始重建城市和建筑物，这些城市和建筑物与他的罗马前辈们相似。他在亚琛建造的教堂受到拜占庭风格的影响。

圣加尔修道院规划

　　圣加尔修道院规划可能是一座理想的城镇的样本。它是在虔诚者路易统治下的亚琛举行的宗教会议上完成设计图的，标志着几乎被遗忘的建筑绘画技巧的复兴。

中世纪小镇

引言

锡耶纳坎波广场

从设计上来讲，贝壳形的坎波广场是所有城镇广场中最受人爱戴和最具影响力的广场之一。它被大量的中世纪高大楼房所包围，仍然保留最纯正的中世纪的味道，广场周围有赛马的跑道。

并非所有的欧洲中世纪城镇都肮脏和拥挤不堪。它们有时会像罗宾汉电影和维多利亚时期的传奇文学那样迷人。许多城镇的特点是通过非正式的规划体现，有作坊和房屋形成的巷子、从商业广场，依照景观的特征而蜿蜒前行。这让我们今天看到的这些城镇不仅风景优美，环境也颇为别致。有些城镇，如托斯卡纳的丘陵城镇，已成为全世界的宝贵遗产。

中世纪的街道，罗腾堡

　　罗腾堡（巴伐利亚）在其 30 年战争之前是一个主要城镇，1630 年的黑死病使其地位急转直下。由于缺乏发展机遇，它保持了中世纪特征。

布艺大厅，伊普尔

　　羊毛贸易可以使中世纪的城镇变得极其富裕。1200—1304 年建造的伊普尔（比利时）布艺大厅的规模和建筑形象雄心勃勃地标示了羊毛可以买到什么。其 1914—1918 年战争中被德国肆意轰炸，1928—1967 年布艺厅被精心重建。

默塞尔斯，迪南

　　迪南（不列颠）中世纪狭窄的小巷，通往城镇的默塞尔斯。这没有什么宏伟的古典广场，而是一个以水井为中心的有限的三角形空间，四周是童话般屋顶下的木材商和工匠住宅。

城墙包围之下的欧洲城镇

塔林

爱沙尼亚首都塔林的天际线由成群的塔楼和洋葱形圆顶所组成，还有几乎一整套完整的防御体系——围绕老城中心的13~14世纪的防御墙和瞭望塔。这些曾经冰冷无情的基础设施构筑物如今成为城市的财富。

在中世纪的大部分时间里，欧洲都饱受着地方性战争之苦。军队行军、王国兴衰、国家和地区的边界经常变动不定，所以城镇都用城墙、瞭望塔和设防坚固的城门尽可能地保卫自己。从18世纪开始，随着启蒙运动的盛行以及国家领土边界的确立，其中一些防御工事逐渐被拆除，当然新的战争形式也使它们变得多余。然而这些城墙被保留下来的部分，至今成为美丽的景色。

卡尔卡松

卡尔卡松位于法国朗格多克鲁西荣大区，这里的城墙举世闻名。从远处看，城墙给这座城市增添了一种未受破坏的中世纪堡垒的感觉，事实上，它们曾几乎被摧毁殆尽。19世纪50年代，在一次强烈的抗议和呼救之后，建筑师和理论家尤金·维奥莱·勒·杜克（Eugène Viollet-Le-Duc）对这座城市进行了修复工作。

坎特伯雷的西门

坎特伯雷的城市中心地区在今天仍然要从西门进入，这是英格兰现存最大的城门。14世纪末，为了抵御法国人的入侵，英格兰人建造了西门，取代了原来罗马人在4世纪建造的城墙。作为监狱使用了几百年之后，今天的西门成为一座博物馆。

弗赖施塔特

奥地利的弗赖施塔特靠近捷克边境，位于一条重要的中世纪盐业贸易路线上。由于地理位置的重要性，以及担心受到邻近的波西米亚人的攻击，这座城市在14世纪修建了大量的防御工事，有双重城墙、护城河、城楼和城门，将一个保存完好的中世纪城市中心包围在内。

欧洲之外的地方

塔鲁丹特

塔鲁丹特是一座非凡的历史古城，迄今为止，它的整个城市还完全处于城墙的包围之中。这片美丽的城墙是在摩洛哥历史上的萨阿德王朝（1554—1659）短暂的黄金时代期间由当时的苏丹穆罕默德·谢赫（Mohammed ash-Sheikh）建造的，他率领人民打败了入侵的葡萄牙人，并击退了奥斯曼帝国，最终统一了摩洛哥。塔鲁丹特即为萨阿德王朝的第一个首都。

世界各地的城镇都试图用城墙来保护自己，很少有城镇能经受住持久而坚决的围攻。而且，即便这些城镇像卡特里派位于蒙特塞居的最后一个要塞据点——一座由城堡发展起来的小镇——地处偏远并且看似坚不可摧，它们也会遭遇到困境。今天，保存下来的城镇防御工事已经成为很受欢迎的旅游景点，而新型的城墙——不管是现实中有形的混凝土建造的还是电子的——也在保护着现代城市中心免受恐怖袭击。事实上，当我们越发愿意与外界交流的时候，就越不需要任何形式的城墙。

埃尔比勒

埃尔比勒是伊拉克库尔德斯坦的首府，城中一座古城堡的历史可以追溯到公元前5世纪。这座如今已被现代城市所包围的古城堡，直到最近依然是当地人的避难所。

巴姆

在2003年遭受到地震的严重破坏之前，伊朗的巴姆是一座被城墙包围的保存相当完好的古城，城中的房屋几乎完全用风干的土坯或是晒干的泥砖所建。巴姆始建于3世纪，历经了数个世纪才建成。如今，地震后的重建工作正在进行中。

巴库

阿塞拜疆的首都巴库坐落在里海西岸，地理位置优越。这座城市目睹了形形色色的人来来往往和聚散去留，见证了许多不同民族的文化。城中的城堡、城墙和宫殿都可以追溯到12世纪，城市就这样伴随着它的历史，慢慢生长并逐步发展。

大津巴布韦

大津巴布韦位于今天的津巴布韦共和国，是撒哈拉沙漠以南最大的古代建筑群遗址。遗址中有一座铁器时代的被城墙包围的城堡，或者说是一座小镇，其精心建造的石墙可以追溯到11—15世纪。遗憾的是，我们对曾经在这里存在过的文明知之甚少。

巴洛克城市

引言

圣潘泰昂教堂，威尼斯

威尼斯的圣潘泰昂教堂建于 17 世纪，教堂外部是未完工的立面，没有任何装饰，但内部却隐藏着这座城市最伟大的珍宝之一——在巴洛克式的天花板上装饰着一幅由吉安·安东尼奥·傅米亚尼（Gian Antonio Fumiani）在帆布上创作的油画，描绘的是《圣潘泰昂的殉教和神化》，它令人眩目的透视构图是巴洛克空间游戏的一个经典范例。

巴洛克是艺术和建筑领域一场深刻又极具戏剧性的运动，它既是对文艺复兴中期朴素、高雅的古典主义风格的一种回应，也是罗马天主教会在宗教改革正在改变着欧洲的宗教观念和政治格局之际用来宣传其信仰的一件有力工具。巴洛克风格随即服务于天主教会，推动着反宗教改革运动的浪潮。除了大量华丽的建筑之外，它还提供了新的城市规划形式。

坦比哀多，罗马

多纳托·伯拉孟特（Donato Bramante）设计的坦比哀多由圆顶和柱廊构成，坐落在罗马蒙托里奥圣彼得教堂内部的一个小庭院里，于1500年左右被封为圣地。然而，这座宏伟的陵墓被塞进了狭小的空间里，以夸大其规模，这预示着巴洛克式城市设计的到来。

四河喷泉，罗马

罗马是巴洛克艺术风格的起源地。由吉安·洛伦佐·伯尼尼（Gian Lorenzo Bernini）于1651年设计雕刻的四河喷泉似乎是从纳沃纳广场的道路路面上发散出来的。纳沃纳广场的所在地原是古罗马戴克里先执政时期建造的图密善竞技场，15世纪末开始用作集市，后来被改造为一个城市集会场所，并成为艺术精品。

圣彼得广场，罗马

圣彼得广场是一个杰出的设计，由建筑师吉安·洛伦佐·伯尼尼（Gian Lorenzo Bernini）在1656—1667年设计建造。广场呈椭圆形，中心矗立着一座来自埃及的方尖碑，两翼由300多个大理石建造的多立克式圆柱组成，象征着被誉为"教堂之母"的圣彼得教堂展开双臂，慈母般地拥抱着前来祈求教皇祝福的信徒们。

人民广场，罗马

在罗马的人民广场南端有两座极为相似的巴洛克式"双子教堂"相邻而立，分别为奇迹圣母堂和圣山圣母堂，它们一同作为游人从弗拉米尼亚大道进入罗马的大门。当朱塞佩·瓦拉迪尔（Giuseppe Valadier）在1811—1822年重新规划设计了人民广场之后，这处通往永恒之城的入口得到了提升和改善。

亚平宁半岛

神圣裹尸布小堂，都灵

卡米洛·瓜里诺·瓜里尼是一名建筑师、数学家和戴蒂尼会的牧师，也是反宗教改革领军人物中的一员。在都灵的神圣裹尸布小堂层叠复杂的石材几何结构上方，高耸着一座令人心驰神往的穹顶，那是瓜里尼于1688—1694年设计的，完美地展现了巴洛克空间设计的华丽特征。

巴洛克式的建筑风格和城市规划形式起源于罗马，而后向四面八方流传开来，逐渐扩散到了整个意大利。它捕捉并记录了意大利街头生活的活力，为城镇注入了可爱的戏剧风格，仿佛所有的建筑和街道都是有生命的。巴洛克的设计是曲线式的，它使古典设计比以往更具美感，也为城市空间增添了令人意想不到的迂回和曲折，就好像建筑师变成了剧作家——反之亦然。

主教堂广场，锡拉库扎

　　西西里岛东岸的古城锡拉库扎的主教堂广场是一个巨大的椭圆形广场。这座主教堂是围绕着一座希腊神庙修建的，神庙内古老的圆柱依然清晰可见。其广场是一个极为引人注目的城市舞台，附近还有引人入胜的美食和集市。

主教堂广场，莱切

　　除了罗马之外，莱切可以说是意大利最具巴洛克风情的城市了。生动有趣的景观，令人意想不到的视角和 17 世纪奶油色的石灰岩建筑，这些都只是一部分，最终人们将通往莱切的主教堂广场。在这里可以感受到一个完全不同于其他巴洛克风格的全景环绕式体验。

四首歌广场，巴勒莫

　　四首歌广场是巴勒莫维格里纳广场的别称，由朱利奥·拉索在 1608—1620 年设计建造。广场的四角是四座几乎相同的巴洛克式建筑，一同围合成了八边形的框架，每一座建筑都有涌动的喷泉、雕刻精美的壁龛、断裂的山墙、交叉的壁柱以及其他华丽而夸张的建筑装饰。

圣卡罗广场，都灵

　　都灵城中点缀着一系列宏伟壮观的巴洛克式广场，其中最令人印象深刻的当属圣卡罗广场，它是由一位在罗马接受训练的萨伏依家族的宫廷建筑师卡罗·迪·卡斯特拉蒙特（Carlo di Castellamonte）于 1642—1690 年设计建造的。广场在 2004 年被划分为步行区，四周环绕着宽敞且遮阴的柱廊。

意大利之外的巴洛克建筑

皇家海军医院，格林威治

克里斯多佛·雷恩（Christopher Wren）在建筑师尼古拉斯·霍克斯穆尔（Nicholas Hawksmoor）和剧作家约翰·凡布鲁（John Vanbrugh）的协助下设计建造的皇家海军医院（又称格林威治医院）有着壮观的圆顶和柱廊，于 1692 年开始运营。透过医院的大门可以看见由伊尼戈·琼斯（Inigo Jones）设计的女王宫，这是世界上最美丽的建筑景观之一。

不同国家和地区之间的建筑风格差异是很明显的。

查理教堂，维也纳

在神圣罗马帝国皇帝查理六世的委托下，建筑师菲舍尔·冯·埃尔拉赫（J.B. Fischer von Erlach）于 1713—1737 年设计建造了维也纳的查理教堂。在这一过程中他玩了一些与建筑历史相关的小把戏：教堂的门廊是希腊神庙式的，教堂的圆柱借鉴了罗马柱式，教堂的双塔、中央穹顶和整体构图则是纯粹的巴洛克风格。

冬宫，圣彼得堡

位于圣彼得堡的冬宫有着宏伟华丽且色彩鲜艳的立面，是巴洛克风格的杰作。在伊丽莎白一世（在位于 1741—1762 年）任命建筑师拉斯特雷利（Bartolomeo Rastrelli）最终完成这个宏大的建造项目之前，这座俄国皇室的皇宫就已经被翻修过好几次。然而伊丽莎白的继任者叶卡捷琳娜二世却并不喜欢这位建筑师的风格，她把其设计形容为是"被鞭子抽打过的奶油"，并最终解雇了他。

仁慈耶稣朝圣所，布拉加

位于葡萄牙布拉加郊外山上的仁慈耶稣朝圣所和从山下通往它的之字形台阶始建于 1722 年，都属于巴洛克风格。之字形台阶的设计并不是单纯的炫技，当朝圣者和悔罪者慢慢地爬上这座具有戏剧风格的阶梯时，会到这些标记处做祷告。

意大利山城

引言

巴格内吉奥古城

　　晨雾中，伊特鲁里亚人建立的巴格内吉奥古城高高地静静矗立在台伯河上，看上去就像是一座童话中的小镇，又或者是乔纳森·斯威夫特笔下的飞行浮岛勒皮它的化身。古城唯一的对外交通线是一座对于现代汽车来说过于狭窄的石桥，城内只能靠步行。

　　古老而庄严的山城是意大利永恒的荣耀之一。在大约 2500 年的岁月里，这些设防的山城慢慢转变成了一些风景如画的美丽小镇。然而随着时代的发展，它们的命运变得越来越不确定，因为那些原本生活在这里的人们逐渐下山生活向更方便、更繁荣的平原城镇迁移。值得庆幸的是，近年来随着旅游业的发展和周末度假屋的出现，人们有时会想要短暂逃避现代城市的生活方式，于是这些山城开始恢复了生机。

杰拉法科

马雷玛的杰拉法科是聚集在山上的一个村庄，狭窄而层叠蜿蜒的小路环绕着一座几乎已经消失的托斯卡纳山腰上的堡垒和城墙，它的作用是保护当地的一座银矿。这里单看每一座单独的水泥抹灰建筑并没有什么特色，但是组合在一起就形成了一道迷人的风景。

皮埃特拉塞卡

阿布鲁佐大区的皮埃特拉塞卡不是一个旅游城镇，这里的房屋像帽贝一样紧紧依附在裸露的岩层上，这表明了意大利人是多么坚定地要在这片土地上建造这些防御工事的。在这里建筑、规划都必须考虑地质岩层构造。

马纳罗拉

坐落在利古里亚海岸边的马纳罗拉是著名旅游胜地五渔村中的一个小镇，它的独特之处不仅在于色彩鲜艳的房屋，更在于如雕刻般被嵌入在巨石峭壁的街道、建筑和花园，它们矗立在悬崖上俯瞰着大海。

乌尔比诺的狭窄街道

山城的特色之一是狭窄的路网，有一些路甚至陡峭得像楼梯。在乌尔比诺，这些街道都是为马车和行人设计的。而如今它们只适用于最小的汽车和三轮货车。

街道和令人难忘的建筑

圣吉米尼亚诺

当人们眯着眼睛看向圣吉米尼亚诺的时候，这座托斯卡纳山城的天际线可能会使人误以为自己来到了曼哈顿。中世纪各大家族之间激烈的争斗促使越来越高的塔楼房屋拔地而起，最高的甚至达到了 **70** 米。在这座城市被黑死病摧毁之前，这样的塔楼大大小小有 **72** 座。

意大利山城的有趣之处不仅在于其环境，还在于其丰富与多样性。这些城镇大多攀附于山顶，使得它们也许具有某些共同的特征，但是每一个山城都有其独特的外观，以及当地特殊的建筑、习俗和节日庆典。对于当今世界各地那些规划和建设通用型新城镇的人们来讲，这些山城仍然是一堂生动的实物教学课：尽管生活在其中的居民大多感受相似，但每个城镇之间的差异就像马苏里拉奶酪和蓝干酪的区别那么大，而陡峭狭窄的街道通往阳光照射的广场这一山城规划模式，在今天依然令人折服。

巴尼奥维尼奥尼的温泉浴场

巴尼奥维尼奥尼的主广场是一个 16 世纪的温泉浴场，水中含有硫黄，由火山泉供给。温泉池为这座古老的托斯卡纳山城增添了一种奇异而空灵的氛围，这一氛围被俄罗斯电影导演安德烈·塔尔科夫斯基（Andrei Tarkovsky）诗意地运用在其 1983 年拍摄的电影《乡愁》中。

布兰达喷泉，锡耶纳

始建于 13 世纪的布兰达喷泉坐落在通往锡耶纳老城区的路上，是一处引人入胜的风景，它既是一座水井也是一个喷泉，喷泉外部建筑的立面上雕刻着四只石狮子，看起来就像是在守卫着这里。当维多利亚时代伟大的评论家约翰·罗斯金（John Ruskin）最后一次看到它的时候，那里"天空和云层中到处都是萤火虫在飞舞，它们的光芒与闪电交织在一起，比星星还要耀眼。"（出自《约翰·罗斯金自传》，1885—1889 年）

通往洛雷托的朝圣之城

在 16 世纪城墙保护之下的洛雷托是一座天主教的朝圣之城，城中最重要的建筑是围绕着圣母广场修建的宏伟壮观的圣家族圣殿，由建筑师多纳托·伯拉孟特（Donato Bramante）设计。为什么这样一座小城会建造如此华丽的教堂？原来，这座教堂里面安放着一个房间，传说是 1 世纪时期圣母玛利亚居住过的家，由天使从以色列的拿撒勒运送而来。

怪物公园，博马尔佐

皮埃尔·弗朗切斯科·奥尔西尼（Pier Francesco Orsini）是 16 世纪的一位雇佣兵队长，同时也是艺术赞助商人。当他深爱的妻子去世之后，在博马尔佐建造了这座奇异的怪物公园，公园坐落在一个山丘顶上，俯瞰着台伯河。园中到处都是抽象的风格主义建筑和奇形怪状的雕塑，这样的设计旨在使游客震惊，并以此"解放他们的心灵"。

上帝之城

引言

里约热内卢基督像

由混凝土和皂石建造的救世基督像高达 30 米，落成于 1931 年，自那时起它便站立在 700 多米高的科科瓦多山顶，俯瞰着整个里约热内卢市。就像埃菲尔铁塔代表着巴黎一样，这座雕像是里约热内卢的标志物。更重要的是，它把上帝和基督教精神铭刻在了山下这座熙熙攘攘的城市中。

在一些创世神话中人类是诞生在伊甸园里的，而另一些则说人类诞生在城市中。因为城市是文明的代名词，所以青铜时代宗教典籍的作者们总是有意无意地试图将人类的崛起与城市性或者城市本身的兴起相提并论，"上帝之城"的概念因此而出现。"上帝之城"是一个位于"天堂"中心的地方，同时也是一个展现如何在神圣的街道和广场上规范世俗生活的精神指引。

耶路撒冷

世界上三大一神论的宗教——犹太教、基督教和伊斯兰教——在耶路撒冷的中心交汇。犹太人的哭墙、基督徒的圣墓教堂和穆斯林的圆顶清真寺紧靠着彼此，坐落在所罗门圣殿（第一圣殿）和希律王神庙（第二圣殿）的遗址上。

上帝之城

几个世纪以来，耶稣撒冷这座"上帝之城"一直被描绘成世界的中心。1581年，德国新教的牧师和神学家海因里希·本廷（Heinrich Bünting）发表了一幅绘制成三叶草形状的世界地图，三片叶子分别代表欧洲、非洲和亚洲，而连接地图中心之处正是耶路撒冷。

沙特尔主教座堂

始建于13世纪的沙特尔主教座堂的中殿地面上有一个螺旋形迷宫，内外共有12圈，在过去的800年里，来到这里的朝圣者们一定会在迷宫中走一遍。他们为什么要这样做一直是一个谜，尽管有一种说法是：迷宫的路线即为通往新耶路撒冷的道路。

金庙，阿姆利则

金庙修建于1588—1604年，就在印度的圣城阿姆利则建城后不久。金庙坐落在一个人工湖中央，湖水是被视为"不朽之蜜"的圣水。金庙的四扇门分别朝向东南西北，欢迎全世界人们来到这个神圣中心。

大型的宗教城市

麦加

麦加是先知穆罕默德的诞生之地，在伊斯兰教兴起之前，这里只是一个小小的香料贸易中心。其实在穆罕默德出生之前，这座城市就拥有一个特殊之处，那就是克尔白，一座高大的立方形石制圣殿，长久以来一直被认为是从人间通往天堂的入口。

世界上绝大多数的大型城镇都建立在贸易的基础上，然而也有一些城镇是在宗教热情的支持下发展壮大的，另一些则因受到新兴宗教势力的影响而转变。当宗教信仰与政治权利或多或少地画上等号时，这些城镇的街道和天际线就会如雨后春笋一般出现一簇簇的穹顶、塔楼和尖顶，用明确的建筑语言宣告着上帝和神权的统治地位。

蒲甘

　　今天的蒲甘是缅甸的历史古城，在蒲甘王朝鼎盛时期的 250 年间，大约有一万多座佛塔和寺庙兴建于此。在中古时期，蒲甘是一座由佛教文化推动的国际学术交流中心，但它最终随着外来者的入侵而衰落了。

梵蒂冈城

　　圣彼得原来是加利利海边的一个渔夫，后来他去罗马，在那里建立了罗马教会，并成为第一位主教，最后被埋葬在以他的名字命名的、宏伟而富丽堂皇的大教堂下面。圣彼得大教堂壮观的文艺复兴式穹顶自 1590 年建成以来，就一直占据着梵蒂冈城和罗马的天际线。

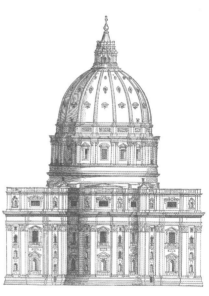

盐湖城

　　今天的盐湖城所在地是一个气候干旱的山谷，第一批拓荒者们通过建造一座巨大的圣殿而开始了城市建设的历程，从那以后，采矿业、铁路和高速公路的发展使得盐湖城成为"美国西部的十字路口"。

宗教影响下的城镇

圣地亚哥 - 德孔波斯特拉

圣地亚哥 - 德孔波斯特拉是西班牙加利西亚自治区的一座城市，也是天主教的朝圣之路"圣雅各之路"的终点。西班牙人打败了入侵的摩尔人之后，这座城市逐渐繁荣兴盛起来。又相传耶稣的十二门徒之一圣雅各的遗体安葬于此，于是吸引了络绎不绝的朝圣者。

各种不同的宗教经验塑造下的城镇，其布局和功能也各不相同。在许多城镇，宗教信仰早已和世俗生活紧密相连，朝拜场所可以出现在城镇中的任何一个角落，甚至是繁忙的市集广场上方。在伊斯坦布尔有一座精美绝伦的鲁斯坦帕夏清真寺，由16世纪奥斯曼帝国著名的宫廷建筑师科查·米马尔·希南（Koca Mimâr Sinân）设计，清真寺就坐落在当地香料市场的顶部，要通过隐藏在市场摊位之间不起眼的楼梯才能到达。在其他城市，人们可以在街角发现供人祈祷的神龛，它能时刻使人们想起在日常生活之外的宗教信仰。

瓦拉纳西的河堤浴

印度的瓦拉纳西有着迷宫般的狭窄街道，有很多路都能通往恒河岸边的河堤（河坛是指伸入水面的台阶）。在这里，游客可以和印度教的朝圣者一起沐浴、冥想，也能见到为死者点燃火葬的仪式。瓦拉纳西是一座生命、死亡和重生交织在一起的城市。

鹿苑寺

位于日本京都的鹿苑寺是室町幕府时期的征夷大将军足利义满退位后修建的宅邸，是京都这座宁静的禅宗古都内外周边1600座寺庙的其中之一。1408年，足利义满去世之后，这里被改造成了一座禅寺。在经历火灾、战争和地震的劫难后，鹿苑寺已经被重建了许多次。

杰内大清真寺

位于马里的杰内大清真寺是一座宏伟壮观的巨型水泥建筑，于1907年开始重建，沿用了早期的一些结构。这座面朝市集广场的清真寺每年都要重新粉刷一遍，许多杰内的年轻人也会参与其中。遗憾的是，他们中的许多人都在逐渐离开家乡，去往更加现代化的城镇谋生。

潮汐城市

介绍

纽约

把你那贫穷、疲惫的人，和那些渴望自由呼吸的人，还有那无家可归、饱经风雨的人，都送给我吧！这是埃玛·拉扎鲁斯（Emma Lazarus）的诗句，刻在自由女神像基座上的一块牌匾上。

无论是古代的还是现代的，海运对许多繁荣的城市来说是必不可少的。堤岸允许船只可以进出城市的港口。像威尼斯这样的城市只有在高水位的日子里会显得更有特色，那时候的建筑和广场都映在淹没的铺路石上。

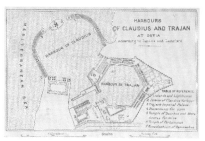

奥斯蒂亚

　　奥斯蒂亚是古罗马第一个海港，从作为港口的功能开始，到 3 世纪，它就成为了一座拥有 10 万人口的城镇，被废弃后被巴洛克时代罗马的建筑师用作采石场。

鹿特丹

　　欧洲最大的港口鹿特丹和 17 世纪荷兰香料、钻石和货币贸易中心的阿姆斯特丹通过与海洋、内河航道的直接联系，以及通过航海技术，发展成为欧洲大陆最重要的两个城市。

伦敦港

　　伦敦港远离大海，位于泰晤士河畔，将伦敦与世界海洋相连。在第一次世界大战前几年，该港是伦敦城市跳动的"心脏"。

费利克斯托

　　21 世纪巨大的集装箱船把大量廉价的制造品和便宜货运往贪得无厌的英国，疯狂消费的情绪在费利克斯托上空盘旋。这个城市原本上是萨福克郡的一个海边小镇，但它拥有一个足以容纳大量货船和聚集全球贸易的港口。

伦敦

泰晤士河

伦敦通过其航运系统——泰晤士河——与海洋的特殊关系，培育了这座城市不屈不挠的商业动力。这座城市距离英吉利海峡48千米，在齐柏林飞艇和轰炸机发明之前基本上是坚不可摧的。在18世纪的画家卡那来托（Canaletto）的画中它显得十分平静。

伦敦扎根于青铜时代；这座城市曾是世界上最强大的城市之一，曾是统治过世界1/4人口的帝国的核心，是在公元43年罗马人入侵克劳迪亚后建立的。这座城市曾被布迪卡和她的英国反叛军所焚毁，后来又重建并得以繁荣昌盛。值得注意的是，伦狄尼姆不是罗马时代英国的首都；但它是帝国贸易的中心。潮汐城市往往是世界上最具活力、最友好而又最繁荣的城市。

泰晤士河口

当泰晤士河从伦敦向东流向大海时，它不仅仅将船只开往世界的四方。几个世纪以来，这条河的一部分会延伸到伦敦的部分自洁式后院或下水道系统，以带走城市的污水。

伦敦桥

伦敦桥曾经是兼具工业与商业用途的泰晤士河通往伦敦城的门户。它于 1894 年开放通行，是维多利亚时代工程的杰作，但却穿着中世纪哥特式的外衣：伦敦与泰晤士河的关系几乎都是宗教性的。

海豚灯

虽然看起来像鲜鱼，海豚灯沿着泰晤士河点缀着维多利亚时代的路堤，穿过伦敦市中心，将城市以直接又迷人的方式连接到大海。它们始用于1870 年，由建筑师乔治·威廉（George Vulliamy）设计。

比令士吉特市场

在 19 世纪，伦敦的比令士吉特市场是世界最大的市场，其贸易从 1877 年开始，在泰晤士河沿岸一座漂亮的意大利式建筑中进行。1982 年，作为市场去中心化的一部分，比令士吉特市场从市中心迁移出去，搬到了多格斯岛地区。

新世界跨大西洋贸易城市

帕洛斯·德·拉·佛伦特拉

哥伦布从安达卢西亚一个沿海小镇帕洛斯·德·拉·佛伦特拉起航。这是一个全新且繁荣的聚居地。随着美洲的发现，小镇居民向西航行以寻找新的财富，从此帕罗斯便急剧衰落，这是跨大西洋小镇崛起后意料之外的结果。

1492 年，人们所熟知的热那亚探险家克里斯托弗·哥伦布（Christopher Columbus）从西方开始航行，横跨大西洋寻找东印度群岛。他航行到了加勒比和美国。几年后，人们发现北美居住着为数不多的一群原住民"印第安人"，但对于欧洲人来讲，这就像南美一样是一片处女地，有机会输出旧有偏见，往往也可以形成一个崭新的开始。他们在这里所建立的新城镇和城市也越来越不同于欧洲前辈们所建立的。

史丹顿岛博物馆

史丹顿岛博物馆的口述档案记载了美国人对欧洲移民的第一印象。一位年轻的爱尔兰男子到此第一眼注意的并不是自由女神像,而是伍尔沃斯大厦的新哥特式尖顶,这是当时的民主、进取心和成功的象征。

纽约天际线

因为纽约的摩天大楼很高,一看到海平面,所以沿着哈德逊河看到的曼哈顿西岸是那样一种令人欢欣鼓舞且无比惊叹的场面,那是在跨大西洋贸易和欧美两个大洲文化交流的海洋文化中诞生的。

世界贸易中心

世界贸易中心的双子塔坐落在纽约金融区,于 2001 年 9 月被恐怖分子摧毁。它们是纽约这个拥有庞大贸易和影响力的城市如何在全球范围内开展业务的梦幻般的高层建筑符号。

公共交通

那些抵达纽约并挣扎在肯尼迪机场以及堵在去曼哈顿路上的人们应该感到遗憾的是,如今从中央车站出发的长途列车很少,这是在曼哈顿的中城区一座宏伟的布扎艺术铁路宫殿,始于 1903 年。

新世界中的要塞殖民城

哈瓦那

哈瓦那作为加勒比海地区最大且最具发展空间的城市也很快被强化。在 1590—1630 年，为了保护西班牙的势力，意大利军事工程师乔瓦尼·巴蒂斯塔·安东内利（Giovanni Battista Antonelli）设计了莫罗城堡（也被称作莫罗要塞）。1762 年，英国占领了哈瓦那，并摧毁了莫罗城堡，西班牙的统治从此一蹶不振。

北美的城镇往往是实践的结果，或按照启蒙运动方法设计而成，但拉丁美洲的城镇却毫无疑问深受天主教文化以及西班牙、葡萄牙的影响，精美的教堂、宫殿、修道院和防御工事取代了原住民文化，导致了伊比利亚城市的出现。久而久之，便形成了一股殖民风格的建筑和规划思潮。

旧广场，哈瓦那

这座气派的广场始建于 1559 年，用于展览、市集、斗牛、处决罪犯以及大型公民聚会。1993 年，哈瓦那旧广场（前新广场）的一座 18 世纪的角楼坍塌，随后对其进行修复。

卡塔赫纳，哥伦比亚

联合国教科文组织将卡塔赫纳（哥伦比亚）绚丽的街道和建筑列为世界文化遗产。卡塔赫纳是哥伦比亚的一个港口城市。

皇家港，牙买加

皇家港位于金斯敦港以北的一个半岛上，是一座西班牙要塞城，建于 1518 年，那时当地泰诺人还在被奴役。这个港口在 1655 年被英国人攻占，1692 年又被地震摧毁，在此之前一直是海盗们的避风港。

五月大道，布宜诺斯艾利斯

布宜诺斯艾利斯的五月大道由意大利出生的建筑师胡安·安东尼奥·布斯齐阿索设计，建于 1885—1894 年，是一条宽阔的长 1.5 千米的城市街道，旨在媲美马德里、巴黎和巴塞罗那的现代大道。

波罗的海城市

波罗的海地区有瑞典、芬兰、俄罗斯、爱沙尼亚、拉脱维亚、立陶宛、波兰、德国和丹麦等国家。波罗的海城市在设计、规划和建筑特色上找到共同点是很自然的。有些城市非常古老，有些则建造得相当晚，尤其是一些呈现地中海风貌的，尽管气候很不一样。不过，这里有世界上一些最美丽的城市，人们在酷热和严寒、极昼和极夜的严酷环境下生活。

彼得大帝

1703 年圣彼得堡建城，这是世界上最北的大城市，其建造标志着俄罗斯决心扩大其军事影响力实现现代化。

圣彼得堡规划

圣彼得堡规划包括辐射状的街道，宏伟的广场，精心建造的别墅，以及华美的建筑造型，在漫长的夏日和深冬的积雪中光辉闪烁。水网纵横使这座城市呈现出一派新古典主义的威尼斯景象。

赫尔辛基大教堂

赫尔辛基是波罗的海最令人难忘的海口之一。在闻名的新古典主义建筑、美丽的街道、大街和广场之中，一座粗犷的白色新古典主义大教堂（1830—1852 年）高高耸立。

斯韦堡

500 年来，芬兰一直被瑞典统治。由于受到俄罗斯的威胁，瑞典人建造了斯韦堡（1748 年），一座跨越六个岛屿的星形城堡。复杂的军事工程与优雅的建筑相配合。1917 年芬兰独立后，斯韦堡被重新命名为索门林娜。

阿姆斯特丹和哥本哈根

阿姆斯特丹，荷兰

王子运河是 17 世纪初阿姆斯特丹的第四条并且是最长的水运航道。根据荷兰记者和历史学家格特·马克（Greert Mak）的说法，这些住宅和防御性街道从西到东就像被一个巨大的挡风玻璃刮水器扫过的一样，塑造了整个城市的格局和特征。

17 世纪和 18 世纪，荷兰和丹麦都以不同的方式享受着他们的"黄金时代"。两个欧洲商业大国都沉迷于令人钦佩的海洋技术和高超的远洋船只之中。这些给阿姆斯特丹和哥本哈根带来了巨大的财富，这两个城市都投资于精致而富有想象力的、工艺精美的建筑物和理性的城市规划。这两座城市有节制的控制方式部分源于其新教教义，它塑造了北欧的价值观。

格拉赫腾，阿姆斯特丹

17世纪前十年，阿姆斯特丹为了城市发展，决定以同心圆方式进行扩建。这种想法导致了著名的格拉赫腾。这种做法一直持续到第二次世界大战之后，当时几何学上的扩张变得并不那么迫切。

哥本哈根新港

因其17世纪晚期色彩斑斓的房屋而闻名，长期以来与犯罪和卖淫联系在一起。它是由丹麦克里斯蒂安四世准许，由瑞典战俘建造的。这个海港区，曾是安徒生的家园，现在主要是游客的天堂。

哥本哈根证券交易所

哥本哈根证券交易所建于雄心勃勃的克里斯蒂安四世统治时期（1588—1648年），是一座追求国际金融和贸易的宏伟建筑。它的尖顶标识出建筑的雄伟和荣耀，上面缠绕着四条海蛇的尾巴：隐喻丹麦城市向广阔的大海寻求贸易和繁荣。

南半球

悉尼港

悉尼港的大桥和歌剧院是世界上最著名的两个建筑。一个纯粹是功能性的，另一个完全偏文化，它们一起提升了悉尼的地位。两者都流露出戏剧性、都市浪漫情怀和高超的建筑和工程技艺，让我们通过它们来认识这座城市。

继詹姆斯·库克（James Cook）船长于 1770 年登陆巴托尼湾（澳大利亚）后，英国政府在亚瑟·菲利普（Arthur Phillip）船长的指挥下建立了一个殖民地。最终，悉尼被命名，后来逐渐繁荣。英国向澳大利亚输送罪犯的活动在 19 世纪 40 年代初结束。后来，人们在此发现了黄金，据亚瑟·菲利普（Arthur Phillip）船长所说，这座城市成为"世界上最好的港口"，这里发展成为世界上最具活力且最美丽的城市之一。

悉尼商业区

悉尼逐渐成为亚太地区的商业中心。它的中心商业区（CBD）或"城市"以拥有众多摩天大楼而自豪，这些摩天大楼周边散布着丰富的文化机构和夜生活场所。对于今天乘坐郊区渡轮或海路到达的人来讲，这片区域是通往悉尼的大门。

邦迪海滩

悉尼与海洋的关系不仅仅限于商业。邦迪海滩位于城市中央商务区以东 6.4 千米，自 1885 年以来一直是工人阶级和移民郊区活动的地带，2008 年被列入澳大利亚遗产名录。

开普敦

开普敦与悉尼在同一纬度，1652 年由荷兰东印度公司占领并建设。老城区被群山环绕，坐落在自然的半圆形凹地内，享受着加利福尼亚般的气候。尽管开普敦城区已经扩大很多，但是它的中心还是保存完好而且仍然令人感觉光芒四射。

远东地区

浦东，上海

如同一个远东的曼哈顿，浦东的天际线主要由流经上海的黄浦江东岸上的摩天大楼组成。这些都是在 1993 年，浦东建立特别经济区以来才开始建造起来的建筑。在 20 年间，上海 2000 万人口的四分之一居住在这里。

在看似无限的太平洋地区，远东城市长期与西方世界隔绝。罗马人虽建立了通往中国的贸易路线，但丝绸之路漫长而艰巨。从 17 世纪起，欧洲人开辟通往中国的航海路线：航海路线革新了中西方的商业贸易和政治。美国和加拿大包揽了北美的西海岸，远东地区东部的海港城市越来越受到重视，跨越太平洋的贸易对中西方城市而言变得"有利可图"。

西伯利亚铁路

    1916 年，西伯利亚铁路的出现彻底改变了海参崴。如今，俄罗斯 30% 的出口要经过这条 9289 千米的铁路线。来自俄罗斯西部数百万的移民在西伯利亚定居，甚至定居到更加遥远的堪察加半岛。西伯利亚拥有大量的 19 世纪晚期到 20 世纪早期的建筑。

上海外滩

    上海外滩坐落在沿着旧城墙上城以北的黄浦江地区，是国际银行和商业中心。其建筑很特别，有丰富的装饰艺术精品，街道保留至今。

松江新城

    松江新城试图从过度拥挤的上海市中心吸引一众中产阶层，它距离市中心 30 千米，集合了多种建筑风格，有一城九镇。泰晤士小镇（阿特金斯，2006 年）是一个好莱坞式英格兰小镇，有一个模仿英伦风格的炸鱼和薯条店。

汉萨同盟小镇

引言

市政厅，施特拉尔松德

施特拉尔松德华丽的砖砌哥特式中世纪市政厅如今还依然是当地政府所在地，也是这座汉萨同盟的岛屿城市的商业力量的象征。这座城市建于1234年，保存完好，至今仍保有其珍贵的古老街道，以及许多古老的建筑。

汉萨同盟是欧洲北岸独立城市之间形成的一个中世纪贸易协会。其起源于德国北部的吕贝克，在1356年获得了官方的认可，其中包含了从诺夫哥罗德，经由波罗的海海岸和北海再到约克相距如此遥远的商业城市。汉萨同盟在17世纪以前一直很强大，有能力组建自己的军队，打击海盗，以及平叛。汉萨同盟还建造了宏伟的商业建筑，它们代表了那个时代的一些辉煌成就。

吕贝克规划

这里以杏仁糖和中世纪砖砌建筑而闻名，吕贝克是汉萨同盟的主要城市。它同时也是一个岛屿城市，在现代战争爆发来临之前得到了很好的保护。这座古城于1942年在英国空袭中遭到严重毁坏，如今已被按照旧貌修复。

布鲁日

当汉萨贸易扩展到布鲁日时，波罗的海的商人发现，这座城市已经是意大利银行和以当地的凡·德·布尔斯家族的名字命名的世界上第一个交易市场或者说证券交易所的所在地。这曾是一座在艺术、建筑、贸易和商业方面享有过黄金时代的中世纪城市。

格拉斯坦，斯德哥尔摩

格拉斯坦是斯德哥尔摩的古老岛屿城市，其历史可以追溯至13世纪。作为一个旅游景点，凭借其蜿蜒的中世纪街道和建筑，它如今深受人们的喜爱，其设计很大程度上受到了德国北部习俗的影响，其建设思想甚至工匠都紧随汉萨贸易而至。

贸易城镇

中世纪汉萨同盟城镇

中世纪晚期描绘的汉萨同盟城镇的插图不仅迷人而且多彩。它们也展示了这个城镇联盟的财富，满眼是戴着精美的毛皮帽子和身穿精致礼服，管理海上贸易的商人。宗教事务和教会建筑在大多数中世纪插图中常常占有重要位置。

汉萨同盟在远离吕贝克的沿海城镇建立了贸易基地。商人和贸易者们在航行于北欧海岸时，将建筑和城市规划理念也带到了这里，这就是为什么在远离波罗的海沿岸的城镇里，直到 17 世纪中期仍可以找到模仿德国本土版本的中世纪建筑以及其他事物。同知识和艺术一样，商业文化也同样能传播建筑思想，虽然感觉有些泛泛，但这些地方确实存在汉萨风格的设计。这连接了诺福克和德国北部海岸，是如今依靠全球贸易传播建筑和城市规划思想的先驱。

汉萨同盟的仓库，金斯林

英格兰最后一个汉萨同盟仓库位于金斯林，它曾一度是英格兰第三重要的港口。德国商人在金斯林用鲱鱼、木材、蜡、铁、沥青和谷物交易羊毛、布料和盐。15世纪早期，东盎格鲁镇以其德国鞋子制造而闻名。

但泽／格但斯克

几个世纪以来，但泽（德语名）或者格但斯克（波兰语名）在德国和波兰的领土要求和武装力量之间腹背受敌。它在波罗的海的战略地位使其极易受利益冲突的影响。在第二次世界大战中它几乎被摧毁，虽然被重建，但基本没有保存下来的德式历史建筑。

赫伯罗特航运公司总部，汉堡

新古典主义的赫伯罗特航运公司总部是汉堡不能不提的海滨建筑之一。它成立于1970年，在两家19世纪的公司合并后建立，赫伯罗特航运公司的历史讲述了一个人口随贸易变迁的故事：从德国和东欧至美国的大规模移民。

里加

作为通往拜占庭的维京贸易路线上的一个关键站点，里加在加入汉萨同盟时兴旺发达。里加拥有大量中世纪街道和建筑，在19世纪后期再次蓬勃发展，并以新艺术风格的建筑闻名于世——它是战乱频频的国家中一座不安宁的贸易城市。

工业城市

概述

工业的房屋（工人住房）

工业城市对劳动力的需求永无止境。工人们的住房迅速崛起，一排排的廉价住房，冷酷的背靠背房屋似乎对18世纪的礼仪和乔治亚风格的建筑装饰不屑一顾。它们证明了工业革命背后充满血泪的一面。

在向全球输出机械化制造业发展之前，最初在英国兴起的工业革命改变了许多城镇的面貌，几乎使得它们面目全非。它形成了全新的城镇，让烟尘废气覆盖旧有的城镇。它创造了强大的新中产阶级，让他们居住在新开发的郊区。它催生了工人阶级的平民窟，吸引数百万人离开农村。它给城市生活带来新的开发强度，提供了一个不断进步的未来愿景。它也使得建筑材料的运输变得便捷，在初期带来了陌生又令人不安的建筑风格。

斯托克顿和达灵顿铁路

斯托克顿和达灵顿铁路于 1825 年运营，是第一条使用蒸汽机车的公共铁路，在英国这两个城镇之间用这些列车拖运煤炭。1830 年，该生产线延伸至海上，将煤炭运往蒸汽船。在这个情况下，铁路衍生出了一个新镇——米德尔斯堡。

曼彻斯特的作坊

从 18 世纪后期开始，曼彻斯特成为棉花产业中心，人们把蒸汽动力作坊引进到旧城。在 19 世纪 50 年代的高峰时期，兰开夏郡的城市开设了 108 家作坊。1914 年纺织品贸易开始衰落。幸存的作坊成为工厂，其余变成公寓和酒店。

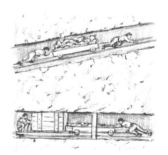

煤电

孩子们在深邃、低矮又充满危险的隧道中推拉煤炭货车的形象时刻提醒着人们：以煤炭为动力的制造业城市是如何在根植于残酷的劳动力剥削上发展的。随着 10 世纪的发展，工业城市成为阶级纷争的温床。

克虏伯钢铁厂，埃森

克虏伯钢铁厂于 1810 年在埃森成立，在其辉煌的一生中曾是世界上最大的公司。它塑造了一个并不洁净的城市景观，从高大的烟囱中冒出的黑烟笼罩着巨大的钢铁铸造厂和密集的工人住所。在第二次世界大战期间，克虏伯曾奴役劳工。

英格兰

维多利亚车站，曼彻斯特

阿图·菲兹韦尔廉·泰特（Arthur Fitzwilliam Tait）的石版画"维多利亚车站"曼彻斯特（1848年）描绘了城市商人在一座新的意大利式商业宫殿前面集会的场景，而其中中世纪的教堂塔楼几乎隐藏在视线之外，阴云密布的山丘上到处都是烟囱。

1800 年后，英国的城镇开始发生工业扩张。

136

曼彻斯特市政厅

工业为英国统治阶级以及新兴的制造业和商人们带来了巨大的财富。当财富聚集导致工业城市尺度欣欣向荣地向外扩张时，人们用这座阿尔弗雷德·沃特豪斯（Alfred Waterhouse）设计的夸张的新哥特式曼彻斯特市政厅（1877年）来对此进行表达。

富有和贫穷

19世纪曼彻斯特的图片展示了雄心勃勃、富丽堂皇的新公共建筑、豪华酒店和一排排购物商店，与作坊和工人阶级居住的街道闷热肮脏和堕落的状况形成触目惊心的对比，使得公民们的慷慨和消费者们的放纵成为可能。

伯明翰

伯明翰是19世纪发展最快的城镇。托马斯（Thomas）和亨利·阿彻（Henry Archer）在1732年曾绘制了宜人的18世纪城镇，但在后来的60年间发生了翻天覆地的变化；那时，伯明翰已经成为世界上最重要的制造业中心。

伯明翰的商业热潮

伯明翰于1889年成为一座城市，但到了20世纪末，除了一座改造的1725年的巴洛克式教区教堂城市建筑仍乏善可陈，但其20世纪60年代斗牛场和圆形大厅却转变成为蓬勃发展的商业活动场所庆祝汽车文化和新消费主义的繁荣。

铁路城镇

斯文顿铁路工程

  斯文顿在大西铁路到来之前是威尔特郡的一个小镇。围绕其新的机车工程（1841—1843年），大西铁路公司开发了一个具有漂亮住房、教堂、酒吧、机械研究所、公园和维多利亚时代提供首届一指保健服务的新型城镇。

  1830年，英国发明了蒸汽铁路机车，开辟了世界上第一条普通客运蒸汽铁路——利物浦至曼彻斯特的铁路线，1837年开辟了第一条干线或长途快车——联系伦敦至伯明翰。他们把建筑理念和建筑材料从一个城市输送到另一个城市，用人们不熟悉的机制砖、石头和闪闪发光的大理石重塑人们熟悉的街道。

西部大铁路

伟大的西部铁路公司与其说是商业组织不如说是一种文明的信仰。1860 年，它的 4-2-2 特快火车头（在 1851 年的大型展览上展出）立在乔治·吉尔伯特·斯科特（George Gillert Scott）和威廉·莫法特（William Moffatt）设计的大西铁路公司自建的斯文顿圣马克教堂（1845 年）外。

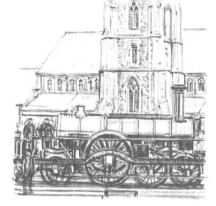

克鲁大铁路

当大联合铁路公司在柴郡克鲁大厅附近的蒙克·哥本哈尔的机车厂附近开通前，这个偏远的农村地区很少有人居住。几年之内，在其总工程师约瑟夫·洛克（Joseph Locke）的规划指导下，克鲁成为一个强大的工程和制造中心。

斯文顿技工学院

斯文顿技工学院（1855 年）为铁路工人提供自学的图书阅览室和借阅图书馆、讲演厅、医疗保健部、舞蹈室、音乐堂和戏剧演出场所。1986 年，随着斯文顿业务的结束而关门，若非曾遭遇多次火灾应该会被保存下来。

航运

克莱德河畔，格拉斯哥

克莱德河畔指的是格拉斯哥的克莱德河往西边延伸的部分，该地曾因强大的造船业而闻名。产品遍及从邮轮、货轮到皇家海军战舰的众多船只类型，在这里下水的大量蒸汽船让格拉斯哥迅速富裕起来。

造船厂曾经是世界上最好的海上城市的主要特征。威尼斯军械库用于为强大的威尼斯共和国建造船只，其用地面积占据了该城市的 1/5 以上。虽然威尼斯因为这个行业致富，但造船业与城市的关系却越来越远，最终只有零星船只建造于市中心。随着港口离城市越来越远，航运与城市之间的联系也不那么明显起来。

赫尔辛基南港

赫尔辛基的南港位于城市最有名的购物街艾特拉艾斯广场大道的尽头，旁边是一个人气兴旺的集市广场。赫尔辛基南港现在是用来专门观察波罗的海大型客船进出港口的地方。乘客可以在几分钟内步行走进城市的街道。

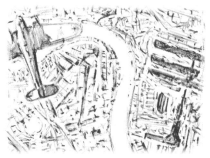

道格斯岛，伦敦

伦敦的码头曾经是他们所服务城市中非常重要的一部分。第二次世界大战时从亨克尔 111 轰炸机的头部鸟瞰道格斯岛，底下的另一架轰炸机正准备向这片人口密集的地区投下武器。航运是城市生活的一个紧密部分。

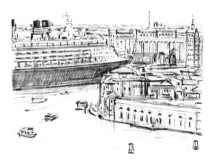

威尼斯

威尼斯现在只建造贡多拉和其他小型船只。尽管如此，这座城市现在仍然受到巨大而丑陋的豪华游轮的困扰。这些游轮是水上公寓式酒店，它们破坏了城市美好的建筑感受并严重削弱了它们的影响力。

苏联工业

马格尼托哥尔斯克

马格尼托哥尔斯克散落在匹兹堡周边，是乌拉尔东部边缘的一个巨大的钢铁城市，建于20世纪20年代后期。德国建筑师恩斯特·梅（Ernst May）试图在此建立一个理想的工业城市，已经成为工业城市设计的反面教材。

1917年，共产党人（布尔什维克党）在俄罗斯获得政权之后，迅速开始推动工业发展，计划建设成为工业大国。

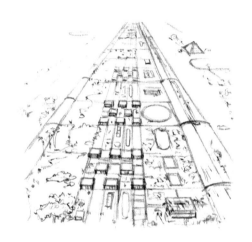

马格尼托哥尔斯克

　　最初的目标是构建一个线形城市，工人房屋沿着钢铁作业的流线，通过狭窄的绿色大道与其分开。工人可以步行上下班。这种情况下，对快速公交道路的需求意味着城市布局规划得过于松散。

钢铁地带

大众汽车，沃尔夫斯堡

产量巨大的大众汽车是在沃尔夫斯堡（1938年）的一家专门建造的工厂生产的。厂方为劳工们建造了一个示范性的村庄。

人们很难忽视具有革命性意义的钢铁工业在全球城镇发展中的作用。用铁生产纯钢的尝试始于12世纪，然后被传播到世界各地，在1856年英国发明家亨利·贝塞麦（Henry Bessemer）成功地使大规模生产的低成本钢成为现实。发展到如今更快、更安全的火车都在钢轨上运行，此外摩天大楼和现代城市所需的大量复杂基础设施建设也都离不开钢材的发展。

梅赛德斯—奔驰，斯图加特

德国钢铁制造业的优势是在市中心得以广泛宣传。梅赛德斯—奔驰的"三叉星"是斯图加特城堡般的中央火车站的标志物（1914—1928 年）。如今的斯图加特，尽管存在环境问题，汽车仍然是其核心产业。

宝马，慕尼黑

宝马对慕尼黑的意义，就像是梅赛德斯—奔驰对斯图加特的意义一样。2007 年，巴伐利亚汽车制造商开设了宝马中心。该建筑由维也纳建筑师蓝天组设计完成，这一建筑每年为 300 万游客提供全方位的宝马制造和销售文化概览。

高速公路网络

德国高速公路网络为宝马、梅赛德斯—奔驰和其他强大汽车品牌的车主提供了快速驾驶的可能性，通过钢铁工业带的撬动作用一样，制造业和汽车行业向人们展示了如何重新塑造城市和城市生活。

高速公路的发展

1935 年在达姆施塔特和法兰克福之间开通了德国的第一段高速公路。三年后，车手鲁道夫·卡拉西奥拉（Rudolf Caracciola）以 431 千米 / 小时的速度驾驶流线型的梅赛德斯—奔驰 W125 通行。高速公路允许驾驶者飞速驶过城市，好像他们仅仅是出口标志上的名字一般。

美国

底特律的城市中心

底特律新的城市中心建于20世纪20年代，距原有的城市中心有一段距离，高耸入云的建筑赋予了它特有的外观和气质。70年来，这片当初的"城市边缘"实际上已成为全球最大汽车制造商——通用汽车公司的工业园区。

美国的工业化是大规模进行的。1701年，法国探险家安东尼·德拉拉·莫特·凯迪拉克（Antoine de la Mothe Cadillac）建立了底特律。之后，福特汽车公司以及用这位探险家的名字命名的凯迪拉克汽车公司纷纷在这座城市开业，底特律就此成为汽车制造业的代名词。底特律这座汽车城同芝加哥、克利夫兰、辛辛那提和密尔沃基等工业城市一起，组成了美国制造业的中心地带。然而，随着工业中心转移到了其他地方，美国北部的一大片区域逐渐衰落，成为"铁锈带"。

密歇根中央车站

　　布扎艺术风格的密歇根中央车站外观惊人地高大，于1914年建成，曾经是通往底特律的大门。20世纪50年代中期，车站处于全面运转之中，当时底特律足足有180万就业人口。60年后，这个数字下降了60%。最终，中央车站于1988年关闭，荒废至今。

斯克内克塔迪，纽约

　　与底特律相比，纽约的斯克内克塔迪规模更小，最终受到的冲击也更小。随着1825年伊利运河的竣工以及1831年莫霍克铁路和哈德逊铁路的开通，斯克内克塔迪成为一座工业重镇。这里是通用电气公司和美国机车公司的总部所在地，被称为"照亮并牵引着世界的城市"。

底特律的衰落

　　前所未有的工业衰退最终导致底特律市在2013年宣布破产。如今，制造业已经向中国和东南亚地区转移。据说2015年，底特律有40000多栋废弃的建筑，许多街道看起来就像末日灾难电影中的场景。由此可见，对一座城市来讲，完全依赖一个产业是一件危险的事情。

工业城市的绿化

太原

中国山西省的煤炭产量占全国 1/4。山西省的省会以及核心城市是太原。今天，煤炭仍然是太原的核心产业。

威廉·莫里斯（William Morris）在他 1870 年完成的组诗《人间天堂》一书中写道，"忘记烟雾缭绕的六个郡，忘记活塞冲程和吸入的蒸汽，忘记不断扩张的丑陋的城镇……"然而，对于维多利亚时代的人们来讲，他们几乎不可能忘记这些工业危害中的任何一种。工业急速地向前推进，完全不考虑城镇的健康发展，对于资本家来讲，进步和利润才是最重要的。但是，威廉·莫里斯（William Morris）和其他一些志同道合的批评家们的确引发了人们对于城市衰退的担忧。

伦敦烟雾事件

1952年12月笼罩在伦敦上空的"黑雾"在短短四天内造成了12000多人的死亡。为了让屋内保持温暖，人们大量燃烧煤炭，最终加剧了这场有史以来最严重的烟雾污染。当浓重的烟雾终于散去之后，英国议会开始着手制定空气污染防治法案，并在1956年颁布了《清洁空气法》。

大众汽车，德累斯顿

大众汽车的"透明工厂"坐落在德国德累斯顿市中心的易北河畔，是一座非常干净、充满现代感的工厂，由建筑师贡特·海茵（Gunter Henn）设计，于2002年建成，专门用于装配包括宾利飞驰在内的各种豪华汽车。与底特律很不同的是，这座工厂位于德累斯顿的公用绿化区，专用的货运有轨电车派送零件的时候会途径市中心。

林果托汽车工厂，都灵

菲亚特位于都灵的林果托汽车工厂是一个工业世界的奇迹，由年轻的建筑师马特·特鲁科（Mattè Trucco）于1916年设计，1923年落成开放。该建筑巨大的屋顶是一圈环形的试车跑道，汽车在地面上装配完成之后，可以沿着坡道驶上屋顶进行试车。这家工厂在1982年关闭之后，被意大利建筑师伦佐·皮亚诺（Renzo Piano）改建成了都灵的文化中心和一所汽车工程学院。

梅赛德斯—奔驰博物馆，斯图加特

由UN Studio建筑事务所在2006年设计的梅赛德斯—奔驰博物馆是一座迷人的建筑，它靠近斯图加特的市中心，位于梅赛德斯—奔驰汽车制造厂的入口处。跟随着博物馆内部金属质感的双螺旋展览通道，参观者可以领略125年来梅赛德斯—奔驰汽车精彩的设计历史。在这里，工业和城市文化完美地交融在一起。

政治与权力之城

概述

凡尔赛

1682 年，太阳王路易十四将他的宫廷搬到凡尔赛宫，在这里发展成一个拥有 6 万人口的小镇。宫殿本身差不多就是一个城市，任何想博得皇室青睐的人与其去巴黎，不如在这里闯出一条路。

城市总是权力中心，至于其中哪些控制了特定城市，做出有根据的判断并不困难。权力并不总是导致腐败，但当它集中时，奢华的宫殿和军营肯定会随之建设，而不是优先考虑那些商业、娱乐和福利设施。然而，随着历史的发展，这些夸张的地方性质会渐渐削弱。

太阳王的宫廷，凡尔赛宫

虽然，太阳王的宫廷长期以来一直象征着一种政治体制，但它仍然具备独特的魅力。2008 年，在凡尔赛宫的中心地带安装了一个遗失的 15 吨重的门的复制品，其中包括 10 万片金叶，价值 400 万英镑，是路易十四政治形象的象征。

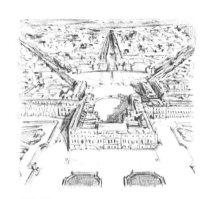

凡尔赛宫

凡尔赛宫的街道形态与路易十四的宫殿一致。三叉戟形状的大道从宫殿入口处伸向皇宫。整个宫殿用地范围的面积比曼哈顿的陆地面积还大。

世界之都日耳曼尼亚

"作为世界之都，柏林要能与古埃及、巴比伦和罗马相媲美！伦敦和巴黎算什么！"在 1937—1943 年，阿尔伯特·斯佩尔（Albert Speer）提出了重建柏林的计划并为此建造了巨型模型：这就是希特勒的巨大的"世界之都日耳曼尼亚"。

大英帝国

尽管这栋维多利亚风格的房屋是英国与印度建筑风格联姻的典范，但埃德温·鲁特恩斯（Edwin Lutyens）开始并不情愿在德里做如此的设计，根据《莫卧儿史》记载，他在当时认为人们强迫他做的是一种不被自己认同的印度风格的设计。

与罗马和其后几个世纪的法国的影响不同，大英帝国仅有少许或根本没有在其统辖的城市或村镇建设统一风格建筑物的意愿。于是人们就不会对 18 世纪殖民地统治者的建筑感到吃惊，那可是当地权力宝座的象征，却像英式的乡村建筑一样。这些建筑使得地方的特色和多样性大行其道，最终导致基于不同传统的设计风格交相辉映，如英式的、殖民地的、宗主国和被保护国的。

新德里圣马丁加里森教堂

　　1930 年建设的圣马丁加里森教堂由鲁特恩斯（Lutyens）的助手阿瑟·舒史密斯（Arthur Shoosmith）设计。它是砖和混凝土结合的奇迹，能够即刻让人体会原初、本源和力量之美，即便当室外是炎炎酷暑时一旦走进室内，在其碟状穹顶之下也能立即感受到清凉。它是一个集军事、教会和行政功能为一体的建筑。

旧德里

　　旧德里是莫卧儿统治下印度的都城，从规划角度看显得拥挤和混乱，由印度统治者沙贾汗建于 1639 年，由宽阔的堡垒、宫殿、集市、陵墓和市政广场组成，但是因为人们都不想在城墙外生活，这里变得过度拥挤。

新德里维多利亚建筑中的大象柱

　　当鲁特恩斯在认真思考混搭欧洲与印度和莫卧儿风格时，他设计出华丽和有趣的建筑，用他的话说，这是属于建筑师们的高级游戏，用印度的大象支撑起维多利亚建筑的屋角和柱子。

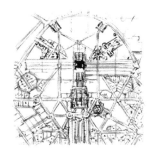

新德里规划

　　1911 年，乔治五世使新德里成为印度的新首都，用布扎体系的美学引导其规划，埃德温·鲁特恩斯（Edwin Lutyens）设计了呈放射性的街道和远处的对景，这个华丽的布局使人们可以感受伟大的建筑、阅兵游行仪式。

巴西利亚

主要轴线

巴西利亚的主街是一条长长的轴线,从城市的商业区,穿过其外交和文化区,到达聚焦于国会大厦双子塔形成的政治中心处。巴西利亚是巴西发展速度最快的城市,也是拉美地区GDP最高的城市。

1956年,充满活力的巴西新总统尤塞利诺·库比切克(Juscelino Kubitschek)承诺"在五年内取得五十年的进步"。如此快速发展的关键在于巴西利亚的建立。里约热内卢自1763年起就是巴西的首都,但1891年的第一部共和宪法却承诺在国家内陆几何中心建立新的首都。卢西奥·科斯塔(Lúcio Costa)进行了巴西利亚的城市规划,罗伯特·伯勒·马克思(Roberto Burle Marx)完成了景观设计,奥斯卡·尼迈耶(Oscar Niemeyer)则设计了其纪念性建筑物。整个巴西利亚在4年内落成。

国会大厦

国会大厦（1957—1964 年）的设计是为了让那些投票选举出执政的参议员和众议员的民众们可以在会议厅和行政办公室的屋顶上行走。因为他们是主人，而政客们则是他们选举出来的仆人，但这样的情形注定不会持续下去。

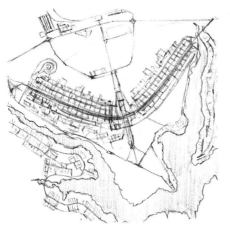

巴西利亚城镇规划

从空中看，巴西利亚城镇的规划就像是一架巨大的飞机或者说是一只即将降落在拉戈·帕拉诺亚湖畔附近的大鸟。拉戈·帕拉诺亚是一处被乡村俱乐部、餐厅、大使馆和一座码头所环绕的人工湖。值得一提的是，许多政客、外交官和公务员会在周末离开巴西利亚，乘飞机前往里约热内卢。

阿尔沃拉达宫

巴西总统库比切克曾说，"除了巴西新一天的黎明，人们还能用什么形容巴西利亚呢"。从那以后，精致的阿尔沃拉达宫殿（黎明之宫，奥斯卡·尼迈耶，1958 年）就坐落于一个伸入帕拉诺亚湖中的半岛上，一直都是巴西国家元首的官方府邸。

理想城镇

概述

理想城市

　　柏拉图的《理想国》关注理想城市的概念。随着 15 世纪意大利文艺复兴时期古典文学的兴起，这一主题开始在艺术家和建筑师中流行起来。他们包括卢西亚诺·鲁拉纳（Luciano Laurana），他在乌尔比诺的公爵府工作时，可能画出了这座理想的城市图景。

　　早在第一个城镇出现之前，人类就梦想着一个完美的定居点。只要看看近年来外界在巴西雨林深处发现的土著定居点，你就会明白模式和秩序对人们有多么重要。这些村庄是自然形成的，但也经过了深入思考。

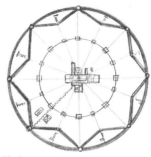

斯福钦达

斯福钦达是由安东尼奥·迪皮特罗·艾弗里诺（Antonio di Pietro Averlino）设计的一座 15 世纪风格意大利城镇，其形态是一个包含八角星的圆圈。街道从三个中心广场（宫殿、大教堂和市场）向外辐射，次级街道在运河的两侧向外延伸。

帕尔玛诺瓦

帕尔玛诺瓦是由文森佐（Vincenzo）发现的。由斯卡莫齐（Vincenzo Scamozzi）与军事建筑师朱利奥（Giulio Savorgnan）于 1593—1813 年设计建造，起初没有威尼斯人愿意住在这里。1622 年的政策是，如果罪犯准备在帕尔玛诺瓦定居，就可以得到赦免。

乌尔比诺

费德里科·达·蒙特菲尔特罗（Federico da Montefeltro）是乌尔比诺公爵，他在 15 世纪中期统治乌尔比诺，使之成为理想的文艺复兴城市。然而，乌尔比诺并不是像斯福钦达和帕尔玛诺瓦那样以严格的几何学和宇宙学为基础规划城市，而是更人性化且更宜居。

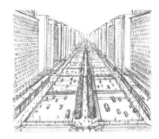

明日之城

《明日之城及其规划》是 1929 年由建筑师勒·柯布西耶（Le Corbusier）对理想的 20 世纪城市愿景的英译本。与弗洛伊德、毕加索和爱因斯坦相比，勒·柯布西耶与他的天才同行们的不同之处在于，他坚持严谨、理想的城市秩序。

前工业化时代

1405 年，教皇庇护十二世出生在托斯卡纳的科尔西纳诺，他与建筑师贝尔纳多罗·西里诺（Bernardo Rossellino）一起，沿着理想的文艺复兴城镇的思路重建了这座城镇，并更名为皮恩扎。它拥有一个宏伟的中心和史诗般的建筑，规模完全不同于大多数托斯卡纳山区城镇。

正如帕尔马诺瓦（Palmanova）所表现的，根据意大利文艺复兴时代的理论建立起来的理想化城镇往往应该是完整的。然而，在很大程度上，这些理想化理念是以零散随意或不那么教条的方式付诸实践的。由于城镇和城市的发展是有机联系的，而不是机械的，所以纯粹基于理想化的规划可能不太奏效——对机器人来讲可行，但对人类来讲并不奏效。然而，在 1500—1800 年，这些理想成就了杰出的城市规划。

卡尔斯鲁厄

1715 年，卡尔·威廉·冯·巴登建立了新巴登大公国的新首都。这座德国小镇沿着 32 条街道呈扇形展开，从威廉宫向外辐射。1797 年，建筑师弗里德里希·温布伦纳（Friedrich Weinbrenner）设计了新古典主义风格的建筑，使卡尔斯鲁厄引人注目的建筑方案和古典风格得以延续。

苏里斯

18 世纪温泉小镇，前罗马温泉胜地苏里斯成为伦敦以外英国最时尚的小镇，老约翰伍德（John Wood The Elder）将其发展成为一个展示古典规划和建筑的窗口。巴斯的蜂蜜色石阶，圆形广场与新月形建筑围绕着美丽的自然环境优雅地翩翩起舞。

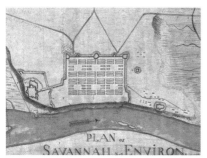

佐治亚州萨凡纳

1733 年，佐治亚州萨凡纳的轴线街道和花园广场组成了一个网格，由该定居点的创始人詹姆斯·奥格尔索普（James Oglethorpe）设计。奥格尔索普是一名英国士兵、国会议员和慈善家。每个广场都是城市整体的缩影，这样萨凡纳就可以以统一的方式进行拓展。

爱丁堡新城

爱丁堡新城是中世纪老城的经典陪衬，被称为"石头中的苏格兰启蒙运动"。1766 年，26 岁的建筑师詹姆斯·克雷格（James Craig）赢得了设计比赛。优雅而完美地将其实施，成为 18 世纪理想城的蓝图。

浪漫主义

拉姆斯盖特

19 世纪 40 年代，奥古斯都·韦尔比·普金（1812—1852 年），一位热情的年轻英国建筑师、辩论家和狂热的天主教徒，在肯特海岸的拉姆斯盖特建造了他的房子和教堂。由普金的儿子们加入的本笃会修道院紧随其后形成一个复兴的中世纪英国教会城镇的核心机构。

随着 19 世纪工业化席卷整个世界，人们几乎不可避免地对这场迅猛发展的革命所带来的肮脏、贫穷和丑陋产生了反应。当一些浪漫主义时代的作家、理论家和建筑师回想起"梅里英格兰"的黄金时代以及其他重工业化时，一些较仁慈的实业家却建造了理想化的新制造业村庄。

波特梅里恩

波特梅里恩是一个位于德威里德河口上方的威尔士度假村。威尔士建筑师克拉夫·威廉姆斯·伊利（Clough Williams-Elli）以一座色彩缤纷的意大利山城为背景，建于1925—1975年，这是一些迷人而又富有教育意义的建筑，被认为是对名义上理性的建筑和现代城镇的无脑设计的反讽。

阳光港

位于柴郡威勒尔半岛的工业花园新村阳光港的每栋房屋都与众不同。肥皂大亨和慈善家威廉·利弗（William Lever）在1888—1914年聘请了30多位建筑师，为3500名员工精心设计建造的房屋，还有游泳池、音乐厅、艺术画廊、教堂和学校。

斯泰伦博斯

斯泰伦博斯成立于1679年，是南非西开普省的一个荷兰殖民村，后来迅速发展成为一个成功的葡萄种植小镇。在这里，农业展示在美丽而简单的山墙白色农舍中，街道中享有充足的绿色空间：这就是一座非洲花园小镇。

20世纪的梦想

阿纳海姆迪士尼乐园

沃尔特·迪士尼（Walt Disney）在阿纳海姆的迪士尼乐园于1955年开业，那是第二次世界大战结束后的第10年。从建筑学上讲，这个主题公园，或者说假想的城镇，是由睡美人城堡、15世纪的法国德乌斯城堡和19世纪的巴伐利亚梦幻的新天鹅堡组合而成的。

由于看到两次世界大战中的战争能够大规模破坏和摧毁整个乡镇和城市，20世纪成为人们需要反思和重新思考的时代。而更多的时间和城市空间被用于工业和汽车，越来越多的城市被新的道路所包围，被新的污染所阻塞。人们找到和发明新的解决方式来加以应对：新形式的工业城镇与工业化建造的工人住房和新的逃避现实的幻想。逐步地，许多历史名城中心就成为了类似主题公园的地方。

纳皮尔

建于 1850 年新西兰霍克湾的纳皮尔镇在 1931 年被地震摧毁。该镇以艺术装饰风格重建，尽管在 20 世纪 60—90 年代遭到了愚蠢的拆毁，但这座海滨小镇现在是一处世界遗产，它的旅游特色是阳光建筑。

福特兰迪亚

1928 年，为了给福特汽车公司供应橡胶，福特兰迪亚在巴西的亚马逊雨林里建造。福特兰迪亚是底特律郊区的一个复制品，提供免费住房、食品和医疗保健，但拒绝提供酒精，色情服务和娱乐活动。单调的工作环境使其不适合居住，它成为一场灾难，于 1945 年被人们遗弃。

阿巴拉克斯

巴黎新城玛琳·拉·瓦莱的中心被纪念碑式的、经典的后现代风格、20 世纪 80 年代早期预制的混凝土房屋街区所占据。由里卡多·波菲尔（Ricardo Bofill）设计其高耸的主建筑物。游览它如同重游古罗马，但这里却代表着 20 世纪法国工人阶级。

理想城市

引言

《大都会》

1927年，弗里茨·朗（Fritz Lang）执导的划时代的科幻电影《大都会》为想象中未来反乌托邦城市的外观和气质奠定了基调。透过昏暗的玻璃看见的这些理想城市，反映了人们越来越担忧工业化和自动化的发展到最后将会导致残酷而不人道的结局。

文学领域和建筑学领域都对理想城市的概念有所涉及。从文艺复兴开始，许多文学作品和论战中都出现了各种新的、革命性的甚至疯狂的关于城市改造的想法，艺术家们也贡献了很多创想，以此激励建筑师和艺术赞助者们从不同的角度去思考。然而，由于城市的发展在很大程度上与贸易、工业和人口的兴衰息息相关，其庞大的规模也使得"理想"很难按照计划发挥作用。事实证明，这种理想城市的概念虽然很吸引人，但对于城市的变化和发展有很大的局限性。

乌托邦

托马斯·莫尔（Thomas More）在 1516 年创作的《乌托邦》是一本有趣的书，既具争议性，又有讽刺意味。书中描绘了在一个叫乌托邦的海岛上，有 54 个相同的城市按照理想的方式排列，均匀地分布在广阔的土地之间，城市的一切财产都是公有的，市民们必须遵守规则，每个人都要参加劳动，大家都在一起吃饭，社会安定，夜不闭户。

拉普达

乔纳森·斯威夫特（Jonathan Swift）在 1726 年创作的讽刺小说《格列佛游记》中描绘了一座会飞的岛屿城市——拉普达，城中居住着天文学家、数学家、音乐家和技术专家，他们都在热地沉迷于自己的研究，但由于瞧不起应用几何学，导致他们的房屋造得极差，墙壁倾斜，在任何房间里都见不到一个直角。

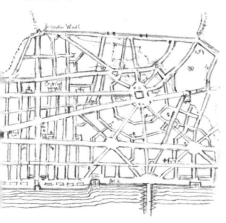

伦敦重建方案

1666 年伦敦大火之后，克里斯多佛·雷恩（Christopher Wren）为这座城市制定了一个理性的、文艺复兴式的重建方案，集中规划了圣保罗大教堂和皇家交易所之间的一条大道。但由于伦敦金融城急于恢复运营，这个方案最终被搁置了。

新世界的理想城市

国家广场，华盛顿

位于美国首都华盛顿的国家广场是一片宽阔而庄严的纪念性大道，从国会大厦一直延伸到林肯纪念堂，全长 3 千米。最初规划于 1791 年，在 19 世纪 50 年代初重新规划并扩建，又于 1901 年再次扩建。

虽然有些新的住区是在没有总体规划的情况下有机地发展起来的，但也有一些展现了社会秩序的理想蓝图，反映出市民们希望在一个基本未知的世界中，为生活和未来的发展建立一个规则的想法。

林肯纪念堂，华盛顿

华盛顿的林肯纪念堂由美国建筑师亨利·培根（Henry Bacon）设计建造，于1922年竣工。1963年，马丁·路德·金（Martin Luther King）在这里发表了他的著名演讲"我有一个梦想"。有些人认为应该用一个木屋来纪念亚伯拉罕·林肯（Abraham Lincoln），但是这座多立克柱式的神庙式纪念堂象征着美国人对民主的信仰——这种信仰植根于古代的雅典。

拉斯维加斯

内华达州的拉斯维加斯于1911年建制成为一个城市，自20世纪30年代以来就一直被灯红酒绿的氛围所萦绕，自称是"世界娱乐之都"。它也被称为"罪恶之城"，以其奢华的建筑而闻名，是广阔的莫哈韦沙漠中的一片绿洲。

纽黑文，康涅狄格州

约翰·布罗克特（John Brockett）以公共绿地广场为中心，设计了网格状的街道，这种布局方式在今天依然很明显。这座曾经的理想之乡，现在是一座城市，自1701年以来一直是耶鲁大学的所在地。

堪培拉

近几十年来，迥异的新建筑竭尽全力地弱化着堪培拉的天际线，但是在地面上，大片的绿化区和星座状的街道布局仍然清晰可见——这是美国建筑师瓦尔特·伯利·格里芬（Walter Burley Griffin）和他的妻子玛丽恩·马奥尼·格里芬（Marion Mahony Griffin）对这座澳大利亚新首都设计的总体规划方案，该方案是在1911年通过竞赛脱颖而出的。

理想的区域性城市

昌迪加尔

印度独立后的第一任总理贾瓦哈拉尔·尼赫鲁（Jawaharlal Nehru）在宣布昌迪加尔成为东旁遮普邦的首府时说道："让这座城市摆脱过去传统的束缚，并成为印度自由的象征吧。"由勒·柯布西耶（Le Corbusier）设计的"张开的手"的雕塑象征着这座城市包容和给予的意愿。

在殖民时代，欧洲的统治者很容易在那些气候和文化与英国、法国等已知地区截然不同的国家强行修建新的城镇。同样地，新独立的国家也往往面临着为新城镇引进不适宜的规划和设计方案的风险，要么是因为这些方案看上去过分追求时尚，要么是因为他们缺乏适合本土的专业技术。但是有时候，帝国政府和独立后的政府都本着想象力和同情心的态度创造理想城市。

昌迪加尔规划

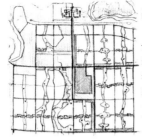

昌迪加尔最初的扇形城市规划方案是由波兰建筑师马西耶·诺维茨基（Maciej Nowicki）和美国规划师阿尔伯特·迈耶（Albert Mayer）于1947年设计的。1950年诺维茨基在意外去世之后，勒·柯布西耶（Le Corbusier）接手并改造了这个方案，他采用了一个带有网格布局，后来在实践中被证明是精巧而适宜的设计，并且融入了阳光、空间和绿色植物。

昌迪加尔议会宫

勒·柯布西耶在1953—1963年设计建造了昌迪加尔议会宫，这是这位瑞士裔法国建筑大师为这座没什么高层建筑的花园城市设计的几座引人注目的雕塑纪念物之一。虽然昌迪加尔是当今印度最繁荣的城市之一，但随着柯布西耶设计的家具、配件、印刷品和图纸被出售到海外，昌迪加尔的遗产正在逐渐丧失。

世界遗产阿斯马拉

阿斯马拉仍然是一座和谐而包容的城市。在这里，罗马天主教堂和科普特教堂的钟声与伊斯兰教宣礼员的祷告声交织在一起。由于被许多殖民者统治过，阿斯马拉拥有历任殖民统治者留下的痕迹和复杂而多样的文化遗产，最生动的例子莫过于市中心一条棕榈树成荫的主干道经历过的数次名称变更：这条街道曾经被命名为墨索里尼大道（1890—1941年意大利统治时期）、维多利亚女王大道（1941—1952年英国统治时期）和海尔·塞拉西大道（1962—1974年），而现在则被称作独立大道（1991年至今）。

阿斯马拉的城市发展

在1935—1941年，意大利政府为阿斯马拉的发展投入了大量的资金和人才，尤其是在现代化的城市建设方面。意大利人把这座海拔2325米的高原城市打造得精致优雅、绿意盎然，城中到处都是战前风格的现代建筑和20世纪30年代的意大利式咖啡馆。

现代运动的理念

勒·柯布西耶的现代城市

勒·柯布西耶在1925年提出了极具争议性的高层住宅规划方案，设想的是拆除塞纳河以北的巴黎大部分地区，但最终这一方案并没有实现。1933年，勒·柯布西耶为法国救世军设计建造了另一城市住宅——巴黎庇护城，尽管存在着一些缺陷，但至今依然是许多现代城市住宅的样板。

第一次世界大战过后不久，在许多建筑师、规划师、艺术家、知识分子，甚至是城市政府之间都存在着一个普遍的愿望，那就是彻底推翻给人类社会带来如此可怕的死亡、毁灭、混乱和大屠杀的旧政体，建立一个新的世界。或许这也是一个重新开始的机会，在1914—1918年的战争留下的废墟之上，建立彰显现代秩序、教化和文明的明亮洁白、干净理性的新城市。然而，直到第二次世界大战之后，现代运动的理念才真正彻底改变了城市设计。

兹林

兹林是摩拉维亚的一个小城，1894年，捷克企业家托马斯·巴塔（Tomas Bata）在这里开设了他的鞋业集团，由此也改变了这个城市的命运。巴塔为他的工人们建立了一个新的花园城市，城中的工厂和住宅都是按照相同的工业美学原则所设计的，城市的规划方案是由勒·柯布西耶的学生——捷克建筑师弗莱迪斯科·瓜胡拉（Frantisek Gahura）完成的。

包豪斯对斯图加特的影响

1927年，斯图加特市政府资助了一个由德意志制造联盟发起的关于理想新住宅的建筑展，展览的总负责人是路德维希·密斯·范·德·罗（Ludwig Mies van der Rohe）。由全欧洲最为优秀的十几位新兴现代主义建筑师进行设计，这场激进的包豪斯风格的住宅建筑展吸引了约50多万人参观。

有机城市

引言

墨西哥城

墨西哥城这座从特诺奇提特兰的废墟上拔地而起的城市，今天已经发展到了一种令人难以置信的程度：人口超过 2100 万人，并且仍在急速增长；一个城市的经济与整个拉丁美洲国家的经济相当；恶性的开发和贫民窟正在无限蔓延。

纵然大部分世界上人口最多的城市都是从规划良好的中心地区发展起来的，但它们依然有着向周边地区发展的趋势。自 20 世纪 50 年代以来，这种城市蔓延现象变得尤为显著：一方面是因为经济集中化吸引了越来越多的人来到城市；另一方面则是因为汽车工业的快速发展鼓励了街道和住宅从旧的城市中心进一步向外延伸。城市蔓延是一种通病，它导致城市在功能和环境上变得不可持续，甚至最终分裂出更小的中心地区。但即便如此，仍然有一些城市似乎沉迷于向周边发展，对合理的城市规划缺乏兴趣。

圣保罗

巴西圣保罗的人口密度是巴黎的两倍，城中摩天大楼林立，城市街道总共长达10000英里。然而，这座南半球最大的城市今天已经被破败不堪的贫民窟所包围。

亚特兰大

自1837年以来，美国佐治亚州的首府亚特兰大一直是一个重要的交通枢纽，在经济上取得了长足的发展。然而，从1987年开始，城市蔓延导致该地区的森林资源正在以每天20公顷的速度流失。亚特兰大拥有世界上最为繁忙的机场，尽管人们已经开始对供水和污染问题感到担忧，但这座城市仍在继续发展。

休斯敦的城市蔓延

城市蔓延的场景也许并不好看，但对于得克萨斯州休斯敦的人们来讲，它似乎很有成效。仅在2014年，这座石油城市就发放了6.4万份许可证，允许人们在其无限长的高速公路沿线修建新住宅。随着城市经济的多样化发展，休斯敦的经济正在持续增长，未来它还将进一步向周边蔓延。

圣地亚哥的污水处理

2012年，智利首都圣地亚哥成为拉丁美洲第一个100%处理污水的大城市。对于这座夹在群山和海洋之间的城市来讲，这是一个关键时刻。虽然也存在相当的城市蔓延现象，但在最近的几十年里，圣地亚哥在改善公共交通和减少环境污染等方面成效显著。

稳定增长

伦敦郊区

伦敦郊区是以城市为中心在周围地区以同心环形式增长的。从19世纪后期开始，人们努力计划推进郊区化，所以成为事实上的，或者是法律上的花园城市，而并不是进行无序的城市蔓延。但是城市与绿地的扩展形成了这里。

也许最成功的有机增长就是那些稳定增长的城市。但是，即便是经常被誉为稳定增长典范的伦敦，在1800—1914年，也曾经出现过人口的急速增长和扩张。在伦敦，人们可以在花园或公园里享受绿色，如果没有这些，现代城市发展可能就不会出现。

温哥华市

温哥华市建立于 1886 年，是加拿大人口最密集的城市之一。通常被称为最适合居住的城市之一。无论有多少人定居在这里，都会被山脉、公园、森林和太平洋所包围。

东京城市蔓延

东京在 20 世纪发展迅速。住房建设占据了大片土地，但与美国城市不同，大多数开发都是沿郊区铁路线而不是高速公路进行的。这里的城市蔓延与通勤密切相关。

多伦多城市发展计划

多伦多位于前易洛魁地区，是加拿大人口最多的城市之一。为使这座城市在近几年以一种健康和有序的状态扩张，并且让郊区自然地并入市中心的路网系统，它们经常要被纳入规划。

发展中国家

拉各斯

拉各斯曾一度只是尼日利亚湖泊和岛屿的一部分，目前已经大规模发展到陆上的腹地。这是非洲发展最快的城市之一，人口约为2000万人。但是，由于过度依赖石油、道路和汽车，导致了严重的交通拥堵和环境污染。

如果说在世界上最先进的城市中几乎没有城市蔓延现象，在北美和南美的大部分地区无法被察觉，那么在一些贫穷和不稳定区域的蔓延就是一种令人震惊的状况。无限制的人口增长，潜在工作的诱惑以及对传统乡村生活和农业的放弃导致了当前首次出现了有超过一半的世界人口居住在城市中的现象，而未来这一比例还将不断提高。

达卡

当达卡于 1971 年成为新独立的孟加拉国的首都时，其人口为 130 万人。四十年后，人口规模已经增长到 1500 万人。这个贫穷的城市沿着布里甘加河从北向南蔓延，人口密度已经远比中国香港更加密集。

约翰内斯堡

因发展金矿，约翰内斯堡从 19 世纪 80 年代中期开始迅速发展，并且当今仍然在蓬勃发展。这里成功吸引了大量农村贫困人口：30％ 的工作者生活在"非正式住宅"的郊区，郊区既有豪华的住宅也有贫民窟。

伊斯坦布尔

土耳其人口的 1/4（1450 万人）出生在这座跨越博斯普鲁斯海峡的大城市。主要来自土耳其东部的大量移民，已经改变了这个曾经宏伟的城市面貌，并且使这个城市继续延伸至一排排从未被规划过的破旧房屋处。

开罗

被称为"世界之母"的开罗是一个土地肥沃的城市，尽管有卫星城规划，但它仍然出现了无序失控的城市蔓延状况。尽管以其古老的中心城而闻名，这里有 1/5 的建筑建起还不到 15 年。

棚屋小镇

概述

太阳城

太阳城位于海地国际机场的一端，是典型的贫民窟。大约 40 万极度贫困的人生活于此。这里没有排污系统。2/3 的临时住所没有厕所。犯罪随处可见。

贫民窟这个词源于加拿大法语中的小木屋，一种供伐木工人临时在冬季休息的简易居住点。然而，贫民窟却通常与和加拿大相比炎热得多又贫穷得多的国家联系在一起。每每在那些赶上进城潮，却无法满足住房、市政服务和基础设施要求的城市中出现，它们通常在一堆杂乱的临时建筑材料中应运而生。

荷西尼亚，里约热内卢

　　荷西尼亚是巴西最大的贫民窟。它沿着陡峭的山坡蜿蜒而上，俯瞰着里约热内卢的海滩，其人口数量在 7 万 ~18 万人。近年来，由于电力、自来水、商店、学校和公共服务等问题无法解决已经将其转变成了一个简陋破败的城市村庄。

玻利瓦尔城，波哥大

　　尽管试图将波哥大的贫民窟玻利瓦尔进行城市化，这里仍然是一个有 70 万人，位于山坡上的贫穷和危险的居住区。这里 1/5 的青少年女孩已经成为母亲，极高的出生率带来了非常年轻的人口结构（70% 不到 30 岁），以及不断增加的公共服务需求。

卡顿区，布宜诺斯艾利斯

　　2007 年，大火席卷了布宜诺斯艾利斯一处位于立交桥下的贫民窟卡顿区，那里的居民们被许诺拥有一处崭新的住宅。事实证明这不过是略微升级版的贫民窟，并且失去了它曾经的迷人之处。如今，在阿根廷首都，12 万人生活在贫民窟。

马卡卡水上浮动学校，拉各斯

　　建筑的精巧设计可以改善贫民窟的生活质量，令人欣喜的是，这一点事实上已经通过 NLE 建筑事务所设计的水上浮动学校（2012 年）证实，这个设计旨在应对马卡卡贫民窟的大风和洪水，它位于拉各斯的边缘，是一处拥有 10 万人口的住宅区。

发展中国家

距离一些欧洲最好、最繁华的街道和广场不过几步之遥，里亚尔·加里亚纳谷地是一处拥有40年历史，对于马德里来讲十分不光彩的贫民窟。当政府当局进行拆迁时，4万人于此重新安家落户，这里也是城市里毒品交易的中心地带。

贫民窟不仅仅局限于贫穷和发展中国家。在欧洲，从世界其他地区那些绝望的人们试图逃离贫困、野蛮的政治和宗教极端主义，到一群辍学者选择非主流的生活方式，贫民窟的存在有很多原因。然而，大量人口直奔经济发达的城市，但那里却无法应对如此规模的人口流动，贫民窟通常就因此产生。

桑加特

　　1909 年，路易斯·布莱里奥在靠近加莱的法国村庄桑加特驾驶动力飞机首次横渡英吉利海峡。如今，桑加特因其声名狼藉的难民营而为人所熟知，由于避难者希望能够前往英国，该难民营于 2002 年关闭。一个新的营地于 2015 年开设。

德波尼亚，贝尔格莱德

　　在 1999 年科索沃战争的影响下，大量难民其中很多是东欧吉普赛人，将许多新的无家可归者带到了德波尼亚，它位于贝尔格莱德，是该市桥下的一处贫民窟。尽管人们计划拆除这个贫穷且缺乏各种服务的定居点，它仍然是成千上万欧洲人的家园。

克里斯蒂安娜，哥本哈根

　　作为哥本哈根的一个"自由小镇"，自 1971 年起，克里斯蒂安娜就是一个在曾经的军营旧址上孕育而生的另类的城市定居点。从那时起，它就已经成为丹麦的城市中最受欢迎的旅游景点之一。政客们试图使克里斯蒂安娜"正常化"的规划方案不断遭到抵制。

达拉维，孟买

达拉维，孟买一个大型的贫民窟，正是丹尼·博伊尔 2008 年执导的电影《贫民窟的百万富翁》中的拍摄地点。这里是至少 100 万人的家园，其中许多人从事"低贱的"鞣革和皮革加工业。尽管十分贫穷，这里却是一处布满了 15000 座单间工厂的辛勤劳作的地方。

世界上最大的棚户区和贫民窟城镇位于南亚次大陆和非洲。它们的规模令人瞠目结舌，虽然改善其中一些贫民窟的计划确实存在，但腐败、官僚主义、帮派斗争和政治上的无能都会是改善进程中阻碍。另一个阻碍则是人口增长，就好像避孕方法尚未在这里发明，许多人仍然坚信他们未来的幸福不取决于国家或是当地社会，而是依赖于拥有尽可能多的孩子。

基亚沙地贫民窟，约翰内斯堡

工业将无数寻找工作的乡村住民带到了约翰内斯堡。当找到工作后，他们常常在工厂附近建造自己的临时住所。基亚沙地贫民窟可能听起来充满吸引力，但这一20世纪90年代早期形成的简陋的定居点亟需基础设施服务。

基贝拉，内罗毕

基贝拉是非洲最大的贫民窟，但却只不过是内罗毕周边更广阔的贫民窟城镇范围内的一部分。虽然已经引入了自来水，但每50个单间棚屋才有一间厕所。此处污水都被排入河里。这里失业率高达50%。毒品和劣质的酒精因其廉价而泛滥。

军事小镇

概要

乔治堡

乔治堡看起来像是一个理想的 18 世纪小镇，坐落于一座伸入马里湾的海角之上。在 1745 年平定苏格兰高地后，按照威廉·斯金纳（William Skinner）上校和亚当兄弟的设计建造了这座星状未受破坏的军事驻地。

许多城镇是围绕堡垒和城堡建立起来的。另一些则是直接由堡垒和城堡发展而来的。这些都是驻防城镇、军事定居点，其发展已经超出了纯粹的功能用途，模糊了军事和普通民众生活的界限。其中一些已经沿着引人瞩目的建筑风格发展，并在军方的继续支持下，保持着一般单纯的民用城镇所不具备的纯粹的外观和目的，而民用城镇随着贸易趋势和时尚潮流的变化往往会发生更剧烈的改变。

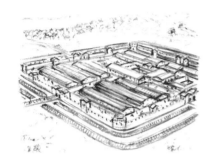

罗马军营

罗马军营是按图册中编纂的几何线条排布的微型城镇。它们方方正正，以轴向街道网格、自来水、卫生设施和供暖建筑为显著特征。其规划思路仍然可以在卡斯特尔（法国）和马萨拉（西西里岛）的城市布局中看到。

德尔塞罗广场，奇马约

为了抵御美洲印第安人的袭击，18世纪的西班牙殖民者在新墨西哥以加固广场的形式建造了定居点。在罗马式的军营的基础上，此处至少有一处广场——奇马约的德尔塞罗广场，连同一座低调而精致的教堂都被完整保存下来。

185

民众生活

魁北克省是墨西哥以北唯一一座设防的美国城市，由法国探险家和士兵塞缪尔·德尚普兰（Samuel de Champlain）于 1608 年创建。这座城市地处战略要地，以其防御性城墙和 17 世纪及 18 世纪的鹅卵石街道而闻名，这些街道两旁林立着精致的房屋，并冠以充满诗意的天际线。

在服役 25 年后，罗马士兵带着养老金退休。许多人选择留在他们非常熟悉的军队中，在军事驻地从事民用贸易。这种军事生活和民间贸易的结合逐渐演变产生了用于生活的主要城镇，它们曾经由军队管理，但渐渐形成了自己独立的生活。然而，这些城镇形成和发展的根源仍然很容易识别。除了防御工事之外，它们的街道上通常排列着规律甚至是僵直的建筑物，看起来就像是在游行。

伦敦德里

尽管在 1689 年詹姆斯二世党人的军队对德里进行了 105 天的围攻，但北爱尔兰伦敦德里 17 世纪的城墙却从未遭到破坏。这座城墙是为了保护在詹姆斯一世统治时期新来到爱尔兰的英格兰和苏格兰移民者而建造的。

克朗梅尔

克朗梅尔于 1650 年被克伦威尔占领，并成为爱尔兰的驻军城镇。即使在和平时期，它的城墙和兵营也让它充满了军事氛围。驻地于 1805 年扩张。它在 2012 年关闭，对其未来的计划正在讨论中。

拉巴特

对于柏柏尔帝国的国王阿卜德·穆明（Abd al Mu'min）来说，拉巴特（摩洛哥）是入侵伊比利亚半岛的跳板。从 1146 年开始，他加固了这座城镇的防御，尽管他的帝国征程以失败告终，但这座大西洋的石头城仍能让人回想起柏柏尔军事扩张时期的那段热血岁月。

马林加

马林加，另一座以其历史悠久的军营为特色的爱尔兰小镇，于 2012 年关闭，它被界定为重要的特色建筑，虽然这些建筑是为民众生活而设计，但其周围却带有明显的军事氛围。贝尔韦德尔伯爵之屋是 1740 年建造的帕拉第奥式乡间小屋，看起来像是准备随时投入战斗。

海岛城市与城镇

引言

威尼斯

威尼斯是世界上最令人印象深刻也最受欢迎的岛屿城市之一。在摆脱了匈奴人的追杀和其他欧洲黑暗时代的入侵之后，凭借强大的海军力量以及统治者和商人们的治理，威尼斯逐渐崛起成为一个强大帝国的心脏，即使它有时是黑暗的，但仍然充满吸引力。

"没有人是一座孤岛，在大海里独踞，每个人都像一块小小的泥土，连接成整个陆地。"这是 17 世纪英国诗人约翰·多恩（John Donne）诗中的句子。我们可以发现，如果把诗中的"人"替换为 "城市"一词，这句话也不会有错。纵观世界各地，在岛屿上建立并蓬勃发展起来的城市，很少有真正遗世而独立的。无论是通过轮船、桥梁还是飞机与陆地相连，岛屿城市都已成为更大、更复杂的地理版图和贸易网络的一部分。

托尔切洛岛

　　在夏天的时候来到威尼斯泻湖中的托尔切洛岛，就像是看见了一首乡村田园诗——尤其是在经历了令人精疲力竭的一天、从主岛上人潮拥挤的小巷逃离之后。然而事实上，这座小岛也曾经是一个人口密集的城市，岛上孤独而荒凉的大教堂，和它那高耸入云的 11 世纪钟塔，都见证了掩埋在历史长河中的繁华与喧嚣。

威尼斯的建筑

　　威尼斯那些用巨大而多孔的石材修建的大教堂，还有大理石的宫殿，都建造在被钉进水里的木桩之上，经过几个世纪的风吹雨打，变成了仿佛花岗岩的东西。这座水城一共有 118 座大大小小的岛屿，城中交织着 150 条运河，由 400 多座桥串联起来，其中一座与大陆相连。

荒岛生活

　　"我将要动身去茵梦湖，在那里用黏土和树篱，建一座小屋。"在这首作于 1888 年的诗中，爱尔兰诗人威廉·巴特勒·叶芝（W. B. Yeats）在暗无天日而忙碌的城市生活与杳无人烟的荒岛生活之间建立起了一种抒情的张力。

阿姆斯特丹

　　"上帝创造了世界，但荷兰人创造了荷兰。"这句谚语使人们回想起了荷兰那激动人心的水利工程，让荷兰人得以在湿地和海洋上修建使用，填海造陆。1300 年，人们在阿姆斯特尔河上建起了一座用来抵抗洪水的大坝，至此阿姆斯特丹成为一座城市。

一些主要的岛屿城市

威尼斯的老城

圣马可广场是威尼斯共和国政治和商业鼎盛繁荣的象征。然而，今天威尼斯老城只剩下6万本地人口，但每天的游客数量要远远超过这一数字。大部分的威尼斯本地人都在主岛对岸的工业郊区梅斯特雷生活和工作。

虽然早期岛屿城市的建立在其公民心目中往往以防卫为主，并且纵观历史，这种现象一直存在。但是后来的例子证明了，接近海洋固然给它们带来了必须要防洪的危险，但同样也让它们更方便参与当地乃至全球的贸易。尽管一个自给自足的城市听起来有些令人满足甚至向往，但即便是自给自足得最成功的城市，也有必要跨越出大自然为它们划定的土地疆界。

阿布扎比

在 20 世纪中叶，阿布扎比的经济来源还依赖于枣树、珍珠和放牧骆驼。石油是在 1958 年被发现的。当阿拉伯联合酋长国在 1971 年独立了之后，这个坐落在波斯湾沿岸的岛屿城市就逐渐变成了一个人口密集、街道布局齐整并且极其富裕、高楼林立的现代化大都市。

弗洛里亚诺波利斯

巴西的弗洛里亚诺波利斯原来被称作诺萨·森霍拉·多·德斯特罗（Nossa Senhora do Desterro），意为"我们的放逐女神"。这座位于巴西南部的 50 万人的城市以其 42 个风景优美的海滩而闻名。随着来自德国和意大利的移民的到来，弗洛里亚诺波利斯在 19 世纪和 20 世纪蓬勃发展，移民们为这座繁荣的城市增添了迷人的建筑和文化交流。

曼哈顿

曼哈顿可能是最负胜名的岛屿城市之一。自从 1625 年荷兰人在这里建立了新阿姆斯特丹殖民地之后，这个现在已经成为纽约市一部分的地方逐渐开始发展起来，并且早已向周边的大陆地区延伸，直到整座岛屿变成一个伟大的海洋城市。

海岛城镇

乘坐轮船抵达后，前往林道的游客通过灯塔和一尊高贵的狮子雕塑进入巴伐利亚岛镇。林道最初是修女和僧侣定居之所，在 1275 年成为一座帝国的自由城市。蓬勃发展的贸易小镇于 1853 年增设了一条同陆地相连的铁路。

小岛适合那些为了寻求安全、宗教避世或者逃避党同伐异的人定居。同样，它们也是贸易路线中理想的停留点和"加油站"。由于种种原因，许多已经演变得很繁荣的城镇，其规模限制了其过度发展。它们往往以密集的街道模式为特征，因此通常没有大型现代建筑，比如超市和购物中心：它们经常被迁移到大陆上。

圣埃伦娜和圣贝尼托

通过一条长堤连接到圣埃伦娜和圣贝尼托（危地马拉）这两个城镇，弗洛雷斯在佩滕伊察湖的红色屋顶、鹅卵石街道和西班牙殖民建筑的海洋中升起。这是玛雅人的最后一个据点，其金字塔被西班牙人摧毁。

墨西卡勒堤那

墨西卡勒堤那（墨西哥）是一个人造岛屿，其布局象征太阳，是一个未被破坏的小型城镇，在阿兹台克人徒步北上找到特诺奇蒂特兰和他们短暂的帝国之前，这里也许是其原始的居住地，只能乘船到达。

特罗吉尔

自公元前 3 世纪以来，它位于达尔马提亚海岸的希腊港口，几个世纪以来特罗吉尔一直属于威尼斯。这个岛镇，如今作为克罗地亚的一部分，拥有极其丰富的罗马式和早期文艺复兴时期的建筑遗产。

高塔之城

引言

第六大道，纽约

有几方面原因使城镇和城市向空中飞速发展。从古代到 19 世纪，在各种各样不同文化中，建造很高的建筑物通常是为了纪念神灵。但是从那以后，这就成为一个空间的问题：在曼哈顿这片拥挤的土地上，创造更大建筑空间的唯一方式就是向空中发展。

2001 年 9 月 11 日，世界贸易中心双塔遭袭后，本书作者被邀请写一篇 2000 字的报刊文章，以回应有人提出的问题："根据纽约发生的情况，摩天大楼有发展前途吗？"其回应只有一个单词"是的"。因为从金字塔的第一块砖被铺筑以来，人类就已经开始幻想像天空一样高的建筑物。

最初的摩天大楼

在摩天大楼的时代之前，最高的建筑物是欧洲的中世纪大教堂，只有高 139 米的胡夫金字塔可以与之匹敌。当这些教堂像伦敦的圣保罗教堂一样，四周被尖顶的教区教堂环绕时，效果就像一座雕刻的石头森林高耸入云。

圣吉米尼亚诺

在某种程度上，圣吉米尼亚诺（托斯卡纳）在 13 世纪和 14 世纪的塔式房屋可能被误认为是巨型白蚁巢穴或中世纪曼哈顿。在 1328 年黑死病毁灭这个城市之前，这些防御塔之中有 72 座高度超过 70 米。

白蚁塔

在人类开始建筑活动之前，非洲、澳大利亚和南美的白蚁，一直在持续它们之前的活动，建立了高度超过 12 米的泥巢。在泥巢内部，这些高耸、通风巧妙的巢穴就像密集的城市：早期人类一定很敬畏地看着它们。他们也可以建造这么高的建筑物吗？

肯尼迪角发射台

建筑物已经如此之高的一个合理发展就是离开地球。在 1969 年，阿波罗太空计划把尼尔·阿姆斯特朗（Neil Armstrong）和巴兹·奥尔德林（Buzz Aldrin）带到月球上去。他们的土星 5 号火箭是在美国宇航局肯尼迪航天中心的 160 米高垂直装配建筑中建造的。

欧洲

科隆主教堂

圣物被认为可以改变中世纪教堂以及城市的命运。神圣罗马帝国皇帝腓特烈带着三个国王来到科隆，并建造了一间巨大的教堂来安置他们。科隆主教堂始建于 1248 年，并于 1880 年完工，位于莱茵河上方高达 157 米。

希腊和罗马城市地处低处。在地中海以外的文化中，很少有城市会试图向高处上升发展。野心、竞争和充满活力的奉献精神的结合，促使罗马天主教的主教们煽动他们的石匠尽可能高地建造建筑物。如果建筑在此过程中倒塌，也会被鼓励再试一次，甚至可以比原来的高度更高。高耸的塔尖已清楚表明，宗教是城市生活的核心。

法兰克福的重建

法兰克福（德国）在第二次世界大战期间的战略轰炸中被摧毁，从1945年起，便在坚定的现代化路线上重建。其办公楼多数从城市中心拔地而起，不像其他欧洲城市的摩天大楼聚集在城市边缘。

金丝雀码头，伦敦

金丝雀码头是一个美式风格的区域，虽有公共交通连接，但与伦敦其他部分似乎是分离的，它位于1980年关闭的前西印度码头的旧址上，由一连串办公楼组成，对伦敦城而言是其极具竞争性的金融中心，金丝雀码头一直在向东扩张。

国际商业中心，莫斯科

莫斯科的国际商业中心虽远在红场以西2.5千米处，但眼前群聚林立的超高层大楼，却能让人清楚地感受到它的存在。

拉德芳斯，巴黎

拉德芳斯位于巴黎10千米长的轴线西段，以锐不可当之势沿着香榭丽舍大街从卢浮宫穿过凯旋门，顺着拉得格兰德大道往下，它是巴黎一个现代商务区，于1958年建成，摩天大楼处处可见。

197

世界范围内

匹兹堡

匹兹堡作为一座钢铁城市，不仅是摩天大楼的发源地，并且在1934年，世界上第一座高层教育建筑在这座城市完工。这就是匹兹堡大学的学习大教堂（Cathedral of Learning），一座惊人的163米的新哥特式大楼，由查尔斯·克劳德（Charles Klauder）设计，其结合了中世纪和现代建筑风格。

在19世纪末，摩天大楼从美国城市的人行道边一栋栋涌现。随着耐蚀钢筋和电梯的发明，以及与此同时芝加哥和纽约的蓬勃发展，这些城市开始向天空发展。土地价格的上涨压力以及对最高大楼名号的追求促使更高摩天大楼的出现。同样的因素，加上试图效仿这些城市的发展，摩天大楼在极短的时间内在美国及全球各地崛起。

孟买

　　作为宝莱坞以及高科技企业的所在地，孟买是印度最富有、最光鲜亮丽，也是最有活力的城市之一。凭借着赖以生存的渔业、纺织业和航运业，它进入了 21 世纪后以闪电般的速度建造了许多摩天大楼。

圣保罗

　　1554 年，圣保罗最初是耶稣布道的场所，是如今巴西的金融和工业中心，人口是芝加哥的 6 倍——这可以通过在周围的摩天大楼俯瞰市中心的窗景来验证。

上海

　　随着上海的繁荣发展，成百上千座的摩天大楼在此建成，从历史悠久的外滩穿过黄浦江，大部分坐落在浦东。

地下城市

概述

马雅可夫斯基站，莫斯科

在地下 33 米的莫斯科地铁站的设计中纪念诗人弗拉基米尔·马雅可夫斯基（Vladimir Mayakovsky）看起来似乎很怪异。可是，马雅可夫斯基站也因此有了深深的诗意。

　　为了维持其华丽的地表和林立的建筑物，城市的下面充满地铁线、下水道、水管、电力管道、煤气管道、通信电缆、公路隧道、防空洞、地下墓穴和秘密河流与支撑地面的基础设施。值得注意的是，其中绝大多数地下项目的建造都需要穿过坚硬的岩石、软黏土，甚至在碎沙。城市如同水面上的一只长腿水龟，能够在变成空洞的基础上支撑自己而没有下沉，着实令人震惊。

罗瑟希德隧道，伦敦

一项新发明——由马克·布鲁内尔（Marc Brunel）和托马斯·科克伦（Thomas Cochrane）发明的隧道盾构法——使得建造世界第一条在通航河道下的隧道成为可能。这就是由布鲁内尔和他的儿子伊桑巴德（Isambard）设计的伦敦罗瑟希德隧道（1843年）。虽然只供行人使用，但为城市河流下的铁路和公路隧道奠定了基础。

将地铁作为避难所

在第二次世界大战期间，伦敦遭到德国空军的猛烈轰炸。超过8万伦敦人被杀或重伤，超过十万的住宅被毁。在地底深处，大家熟悉的城市地铁站就成为躲避轰炸的可靠避难所。

地下巴黎

大部分巴黎地区的建筑是由从城市底下挖出的石头建造的。到18世纪末，地下矿场十分广泛，从1785年起，它们被用来作骨瓮和巨大的地下墓穴，用来安置无法容纳在城市紧凑的教堂墓地的尸体。

海德公园角站，伦敦

在20世纪60年代，伦敦等城市的"全面再开发"战略基本是指汽车与房产交易需求的结合，它摧毁了不计其数的老街和历史建筑。更糟糕的是，行人被迫在迷宫一般的地铁中进行地下交通。

工业穴居人

维利奇卡盐矿，克拉科夫

维利奇卡盐矿长达286千米。从13世纪开始，直到2007年，此处盛产食盐。令游客们震惊的是，地下罗马天主教教堂，用食盐雕刻而成，并用盐制烛台照明。

许多人不知道，某些城市有着大量带有起居空间的地下建筑综合体。有些历史悠久——比如墓穴和矿井——还有一些可以追溯到冷战时期，并且大部分直到后来才被发现。由于没有任何一位预言家可以准确地预测到未来，因此这类空间不大可能被赋予新的用途。

索嫩贝格隧道，卢恩塞

　　1963 年的一部法律承诺保护每位瑞士公民免受核攻击。卢恩塞的索嫩贝格隧道承诺为两万人提供庇护。灾难之际隧道可以被一扇巨大的门封锁——里面配备医院、指挥中心和无线电播音室——但是几乎没人相信它会派上用场。

蒙特利尔地下城市

　　源自城市规划师文森特·庞特（Vincent Ponte）的创意，蒙特利尔的地下城市于 1963 年建立，如今的地下街长达 32 千米。因此，人们便可以在严寒的冬日里从地铁站温暖又干爽地去逛街、工作和回到家里。

特大都市

概述

古罗马

条条大路通罗马。同理，条条大路也可以远离罗马，在 3 世纪，整个帝国可以延伸到 2000 个城市。每个罗马市民都属于其中一个城市，他们也全都是罗马这座大都市的后裔。

迈加洛波利斯最早是由底比斯将军伊巴密浓达（Epaminondas）击败斯巴达之后建立的。他的墓碑上流传着这样的传说："通过我的战略，斯巴达被剥夺了他的荣光……在底比斯的协助下迈加洛波利斯被围墙环绕，为整个希腊赢得独立和自由。"然而，斯巴达最终卷土重来并摧毁了这个巨大的希腊城市。如今，"迈加洛波利斯"这个词语被用于遍布整个地区的城市——超级城市。

伦敦的发展

伦敦的历史可以追溯到公元 47 年。在第一座伦敦桥的连接下这座城市向南扩张到萨瑟克。自 11 世纪以来，已经同现在的威斯敏斯特市相连并携手走过了几个世纪。

广州

自 18 世纪以来，伦敦通过东印度公司和广州港与中国进行贸易。英国用羊毛和棉花交换茶、丝绸和瓷器。然而，利润丰厚的鸦片贸易导致了 1840 年的鸦片战争。

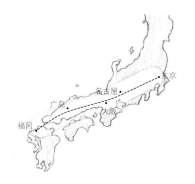

太平洋工业带

日本的太平洋工业带或者说东海道走廊是一条延展了 1207 千米的几乎连续的城市发展带，沿着高速铁路和高速公路，从水户经过东京和大阪到达福冈地区。

欧洲巨型城市

伦敦的高速公路

由于城市的经济会随着交通运输通道的开通而发展，郊区会出现更低价的住宅、位处城外的购物中心以及休闲中心。从这个意义上来讲，往往城市在变得更大的同时，增加的交通量以及更长的通勤时间会导致其功能无法合理且令人满意地运作，这反而会使得城市退化。

在欧洲，巨型城市会沿着铁路和高速公路运输通道发展。英国的"硅谷"在 M4 高速公路的引导下，沿着大西铁路路线，经过伦敦到布里斯托。沿着"硅谷"一带发展的高科技公司，带动了东西部城镇和城市的经济。这个现象可以追溯到运河时代，不过这些沿着工业水路的城市会把彼此当作竞争对手，而不是城市同盟。然而，密集的区域运输网络往往会模糊城市特征。

大伦敦

随着伦敦的发展和郊区的扩大，到20世纪初，被吞噬掉的不仅是旧的市集农场以及村庄，还有整个的县城。1965年，当大伦敦委员会建立的时候，米德尔塞克斯县几乎从地图上整个消失。

利物浦至曼彻斯特铁路

利物浦至曼彻斯特铁路（1830年）推动了兰开夏郡城市之间的贸易。然而，由于利物浦通过海运向曼彻斯特征收高额关税，因此在1894年，在这个内陆城市和大海之间开辟了一条船舶运河。本来可以更有成效的合作关系在地方竞争中结束。

莱茵河

德国的经济，尤其是其中一些主要地区和城市的经济，在莱茵河的支撑下获益无穷，莱茵河是一条可通过船只和工业驳船航行数百千米的河流。虽然莱茵河沿岸的城市保持着旗帜鲜明的特色，但它们的经济与这条河流航道紧密相连。

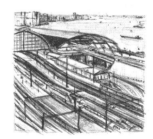

一体化的荷兰

由于紧靠在一起，荷兰城市的高效公共交通网络几乎可以无缝连接火车、有轨电车、公共汽车和自行车。这使人们在城市之间的工作和生活更加便利快捷，尽管他们之间保存有整洁的乡村，整个荷兰的城市仍然像是一个单一实体。

全球范围内的巨型都市

洛杉矶

洛杉矶在 1850 年成为美国的一部分之前，属于西班牙和墨西哥，只拥有少量公共交通工具。如今这是一个长 71 千米、宽 47 千米，人口 1300 万人的巨型城市（大洛杉矶）。交通堵塞成为人们日常生活的一部分。

2015 年，全世界 55% 的人口居住在城市，预计在 2030 年，这个数字将达到 75% 之多。由于农村人口为了寻找工作和更好的生活将继续涌向城市，因而城市的发展大部分将集中在贫穷国家。同样，发达国家城市之间交通系统的进一步发展也会吸引城市网络中的人们，即便他们认为自己是富有的乡下人。

雅加达

印度尼西亚雅加达的人口有 800 万人，其中每个工作日有 400 万人通勤。严重的交通拥堵已经持续很多年。这个城市第一条地铁线于 2018 年开通。与此同时，自 2010 年开始建造的天桥网络会促使汽车数量增加。

圣保罗

一个大部分美洲城市以及彼此交通联系的奇怪特征是它们极少使用铁路。汽车和公路占主导地位。在圣保罗，在道路工程师规划中看起来快速的公路实际上恰恰相反。有许多车是配给供应使用的。

东北走廊

美国的东北走廊从波士顿途经纽约到华盛顿哥伦比亚特区，费城和巴尔的摩也隶属其中的经济中心，不同于美国的其他部分的是这些地区使用了高铁。2010 年高铁投入使用，2040 年火车的运行时间几乎会减半。

合并城市

一些靠得很近的城市有时候会完全合并在一起，比如布达和佩斯（匈牙利）。另一些以双城闻名的城市，像明尼阿波利斯和明尼苏达州的圣保罗，则保持着各自的特点，但它们会经常没有必要地复制模仿彼此的市政服务，而不是两个城市展开合作。不过一些远距离的道路指示会将两个双子城市混为一谈。

新城

概述

来斯沃琪

第一个"田园城市"是一个叫来斯沃琪的新镇，在伦敦以北 64 千米处。以艺术与工艺风格设计的它，开始让人们如同能生活在一个正直又节俭的社区。伦敦人可以在从国王十字路口出发的廉价短途旅行期间概览一下"田园城市"的人们。

作为"田园城市"运动的创始人，维多利亚时代的社会活动家埃比尼泽·霍华德（Ebenezer Howard）期望有朝一日这个运动能给诚实正直的人们一个最好的城乡结合式的新市镇。在美国生活期间，霍华德受到了诗人华特·惠特曼（Watt Whitman）和文学家拉夫尔·奥尔多·爱默生（Ralph Waldo Emerson）作品的影响，以及响应了他们对个人浪漫主义的呼唤。这就是长期被阴霾笼罩下的伦敦之外的花园城市所倡导的生活。

来斯沃琪规划

雷蒙德·安温（Raymond Unwin）和巴里·帕克（Barry Parker）在 1904 年为来斯沃琪制订的规划中描绘了从中央广场辐射至乡村绿地的大道。作家瓦特·威尔金森（Walter Wilkinson）认为来斯沃琪（Walter Wilkinson）是有说教意味的："它就是做报告，整天做报告，整晚也在做报告，他们所有人都得到了自己的主张，所有的主张就是新的。"

田园城市计划

埃比尼泽·霍华德（Ebenezer Howard）自己的理想田园城市计划更关注大局，而不是像安温（Unwin）和帕克（Parker）那样在实践中注重细节。他用几何图纸阐明了小型、自给自足的城市，其中心区域被绿地、果园、农场和小农地所包围。

艺术与工艺农舍

雷蒙德·安温（Raymond Unwin）参加了威廉·莫里斯（William Morris）1885年的社会主义同盟，和巴里·帕克（Barry Parker）一起撰写了《筑房的艺术》（1901年）。来斯沃琪的农舍反映了他们的理念。在这种住宅里，诗人约翰·贝杰曼（John Betjeman）进行了讽刺。

100 年的绿色

来斯沃琪在 2003 年庆祝了它的 100 周年。对于一个拥有 32000 人的绿色城镇来讲，它已经或多或少地成功发展了。其艺术与工艺建筑已经建造得很好，尽管还是自给自足的，但是因为小业主和手工业者被替代，它很大程度上成为一个通勤镇。

田园城市运动的发展

埃比尼泽·霍华德（Ebenezer Howard）的新乔治亚风格韦林花园城，位于伦敦以北 32 千米处，可追溯至 1920 年。霍华德在公有制方面的信念意味着首先只有一个商店来提供市民需要的所有物品。他没有理解消费主义。

20 世纪的英格兰是社会住房和城镇规划新思想的试验场。著名的欧洲建筑师、政治家、规划家和理论家都跑来这欣赏新的田园城市和郊区。他们对此留下了深刻的印象，并带走了许多埃比尼泽·霍华德（Ebenezer Howard）的理念，以及工艺美术运动式的建筑设计风格，并以一种新的方法重现它们，尤其在澳大利亚和德国。那个时候，工业城市看上去脏乱得无可救药，而建筑的重建似乎是最好的解决办法之一。

汉普斯特德田园城市

汉普斯特德田园城市从来没有如计划那般成为所有社会阶层的家园。与之形成鲜明对比的是为德国黑尔讷城中鲁尔镇的矿工们设计的田园城市（1909—1923年）。其530座英式艺术与工艺美术运动式住宅和花园现在成为德国中产阶级的庇护所。

奥地利的田园城市

奥地利的田园城市是维也纳外环的显著特征。从19世纪60年代开始，这是为工业中产阶级建造的舒适别墅，从20世纪初到20世纪20年代晚期，它们又再度以适度的尺度为中产阶级提供住宅。

海勒劳，德累斯顿

德国第一座田园城市是德累斯顿的海勒劳，由家具制造商卡尔·施密特·赫勒奥（Karl Schmidt Hellerau）资助。其工艺美术风格的农舍由杰出的建筑师豪尔曼·穆特修斯（Hermann Muthesius）设计，他也是三卷书《英国住宅》（1904—1905年）的作者，这是一部关于英国与工艺美术运动风格的住宅设计综合性研究著作。

新城运动

哈罗购物中心

对于普通人来讲，新城的建筑是平等的竞技场，不存在阶级差别，设有公立学校和排水系统，而绝非因为购物中心正面的林恩·查德威克雕塑的吸引才使得中产阶级来此定居。

1946 年的《新城镇法》规定建立 11 座英国新城镇。其中大多数都是"超支的"城镇，这是为了在第二次世界大战后立即解决伦敦的住房危机，当时许多房屋被摧毁。战后英国工党政府的城乡规划政策，使"社会各阶层可以平等地自由聚会，共同享受文化和娱乐设施。"

哈罗

20 世纪 50 年代的许多家庭主妇从肮脏而繁忙的伦敦街头迁徙到哈罗或其他新城镇，这段时间过得太慢了，而且这些新城镇虽然干净而崭新，但离新的购物中心很远。新城的伤感是时代的缺憾。

巴兹尔登

路易斯·西尔金（Lewis Silkin）说："巴兹尔登将成为全世界人民都想去参观的城市。"尽管那里有由弗雷德里克·吉伯德（Frederick Gibberd）设计的排列整齐的现代建筑（他之前曾设计过利物浦的罗马天主教大教堂），但这里的人除了游客等很少一部分之外，从来都没有去过别的地方。

哈罗的雕塑

据说，艺术将鼓舞 150 万伦敦人移居新城镇。1956 年，贵族艺术大亨肯尼斯·克拉克（Kenneth Clark）爵士在哈罗为亨利·摩尔的《家人》揭开了神秘的面纱，祝贺伦敦乔迁者们"把一件艺术品伫立在新城的中心"。

克劳利

艺术对克劳利新城来讲来得较晚，这个新城拥有的是盖特威克，它从 1950 开始成为伦敦的第二个机场，这鼓励了轻工业和服务业的繁荣。而从美学的角度来讲，克劳利不能被称为有吸引力的，但它从未缺少就业机会。

新城的扩张

米尔顿·凯恩斯

米尔顿·凯恩斯（Milton Keynes）的首席建筑师及规划师是年轻的德里克·沃克（Derek Walker），他希望这座新城可以与自然更加和谐而不同于其又小又旧的前辈们设计的那样。人们在该新城种植了数百万棵树木，使小镇20%的用地被建成了公园。

最初建设的11座新城均表现出缺乏多样性的弊端。它们既缺少城市里令人亢奋的生活方式，又没有传统乡镇亲近自然的魅力。直到米尔顿·凯恩斯（Milton Keynes）——这个20世纪60年代为25万人规划的新城出现，多样性的问题才得以解决。然而，由于汽车是那个时代科技发展的象征，导致在米尔顿·凯恩斯（Milton Keynes）的双线车道规划布局中，汽车的地位似乎凌驾在居民之上。

坎波诺尔德

能否将一整个新城放置在一个单一的混凝土巨型结构中？能否把行人和车流与彼此完全分离？作为一个建于 1955 年的格拉斯哥郊区镇，坎波诺尔德的建筑师们在达德利·罗伯茨·雷克（Dudley Roberts Leaker）的带领下开始为这些具有独特结果的问题寻找答案。

斯蒂芙尼奇

斯蒂芙尼奇新城拥有英国第一个专门建造的提供免费交通的购物区，于 1959 年在女王伊丽莎白倡议下开放。21 世纪，当它需要被改造时，资金难以筹集，人们也失去了热情；现在，这个新城已从开发公司手中脱离出来。

彼得利

彼得利是一座为达勒姆郡的煤矿工人建立的新城，成为乔治亚时代出生的激进建筑师贝特洛·鲁伯金（Berthold Lubetkin）的高层建筑的庆典。他曾在 1969 的维多克·帕斯摩尔的阿波罗馆中作为主创。

科纳斯通基督教堂，米尔顿·凯恩斯（Milton Keynes）

圆顶的科纳斯通基督教堂 [兰·史密斯（Ian Smith），1991 年] 是英国建造的第一座普世城镇中心教堂。让人感觉新镇对所有人开放，不受旧教条、偏见和宗教的影响。

全球新城

作为法国巴黎五个新城之一的圣冈代新城可以追溯到 20 世纪 60 年代，在圣冈代新城有一个长方形湖泊，在湖泊两侧是三个住宅区，住宅区的建设无论是华丽还是疯狂远超由里卡多·波菲（Ricardo Bofill）规划设计的后现代高层街区。

从 20 世纪 50 年代中期开始，城市发展进入快速扩张阶段，出现很多规划的新城和卫星城。尽管这些规划的新城大多死气沉沉，但是还有很多人试图进行一些新颖的尝试，比如在法国和中国规划建设的一些规模宏大的卫星城和新城中，有很多令人称道的建筑和规划。虽然对此仍有一些争议，但是这些措施也是对城市无序蔓延的回击。

马恩 - 拉瓦雷新城，法国巴黎

马恩 - 拉瓦雷新城也是法国巴黎的著名新城，以各种古怪建筑而闻名。其中莱萨尔·内斯德·毕加索（1980—1984）区建有一栋包含 540 套公寓的景观建筑，是巴塞罗那里卡多·波菲（Ricardo Bofill）事务所的前合伙人曼纽尔·努兹·亚努斯基（Manuel Nunez Yanowsky）的作品，这座建筑混合了装饰艺术、高迪和混凝土巨型结构的风格。

欧洲迪士尼乐园

马恩拉瓦莱新城的建筑很多都展现着电影素材，这里也被认为是欧洲迪士尼乐园的雏形。在这里，人们可以住在主题酒店，带您感受从城市的贫瘠地带到纽约、圣达菲甚至戴维克罗克特等世界各地的情景。

巴黎的扩张

尽管里卡多·波菲（Ricardo Bofill）等建筑师都努力为这些巴黎新城注入一种身份感和历史感，但新城依旧沿着郊区铁路蔓延，而没有继续向中心集聚。对很多居民来讲，他们如今就居住在现代贫民区。

圣马丹昂比耶尔，法国巴黎

圣马丹昂比耶尔是位于马恩拉瓦莱的建筑群，由拱门、剧院和宫殿三个壮观的经典预制混凝土后现代住宅街区，建筑让人们仿佛置身于当代的罗马。

复制品小镇

天都城

  天都城位于中国杭州主城和临平新城之间，距离杭州市区 40 分钟车程。这里建有埃菲尔铁塔的复制品，虽然其只有埃菲尔铁塔尺度的 1/3 高，也呈现了奥斯曼时代巴黎大街的坡屋顶建筑和模仿凡尔赛宫的花园。

  对于一些中国人来讲，几十年来一直居住在钢筋混凝土住宅小区，很希望能够有机会居住在法国、英国或意大利，这或许可以梦想成真。近年来，欧洲城市的复制品如雨后春笋般出现在中国城市中。对于西方人来讲，这些建在农田边、高速公路附近的小区有些奇怪。事实上，这些并不是真正意义上的新城，而只是一些为了满足舒适、便利且远离现代城市的封闭式地产项目。

上海松江泰晤士小镇

这个泰晤士小镇（2006年）其实距离伦敦很远，但是距离上海市中心只有32千米。上海松江泰晤士小镇摆放了温斯顿·丘吉尔（Winston Churchill）和哈利·波特（Harry Potter）的雕像，对英国乡村小镇和伦敦风采做了精彩的演绎，这里是一个很受欢迎的"婚礼场所"，但是并没有吸引很多人在此居住。

佛罗里达州海滨小镇

佛罗里达州海滨小镇是对传统佛罗里达海滨度假地的一种重现。佛罗里达州海滨小镇的土地归罗伯特·戴维斯（Robert S. Davis）所有，他曾与一群新都市主义建筑师一起参观老城区，研究乡土建筑。以各种模仿历史风格的当代建筑作品为这座小镇带来了欢乐。

佛罗里达州庆典小镇

就像施特福夫人的套装一样，佛罗里达州的庆典小镇就像是海滨小镇的兄弟一样。华尔特·迪士尼公司从1994年开始开发庆典小镇，由罗伯特·斯特恩（Robert A·M·Stern）和库珀（Cooper）、罗伯逊（Robertson）和合作伙伴共同策划。圣诞节时城镇广场上有人工雪。

绿色小镇

概述

伦敦圣詹姆斯公园

伦敦圣詹姆斯公园湖东端的政府大楼，是城市中最引人注目的景色之一。树木倒映在水面上，仿佛是一座童话般的宫殿，形成了一种视觉上的错觉，使几座建筑融合在一起。

树木改变了城市和城镇。树木给最繁忙的街道带来了色彩、树荫和野生动物的栖息场所。放眼所见，大道两旁种满树木；伦敦的花园广场、东京的樱花路、通向法国小镇的沿途也都种满白杨树，这些都是城市规划的亮点。树木能改变城市中最炎热、最干燥、灰尘最多的街道，这是一种神奇的力量。

法国省城

当法国乡村小路出现很多高大的树林时，旅行者感觉他们必定在一个小镇附近。通常也的确是这样。沿途树林的功能强大，将人们的注意力和交通引向省级城镇中心和交通，树木逐渐将人们指向那些砖石和木质的建筑物。

角馆樱花

樱花遍布日本各地。4月在日本最精致的步道之一，就是沿着秋田县角馆的日野河边2千米的步行路。缤纷绽放的垂落樱花与众多历史悠久的武士宅邸的墙壁形成鲜明对比。

伦敦荷兰公园大道

荷兰公园大道规模宏大，是一条改造成罗马风格的古老的英国道路。在19世纪早期到中期，这里曾经是伦敦最繁忙但最漂亮的主要街道之一，巨大的梧桐树从诺丁山门口到荷兰公园环形交叉路口整齐排列。

宾夕法尼亚州阿米什

阿米什的四轮马车沿着高大阴凉的树林缓缓走进宾夕法尼亚城镇，这里拥有诸多美誉，如"一鸟在手""交往中心"和"天堂"。这里是一种梦幻般的平衡，可以看到汽车在繁忙的街道上飞驰，也可以看到城镇沿途有很多商场和路边广告。

生态新城

德国弗赖堡沃邦居住区

"生态城"运动提出应使具备环保意识的公民共同协商构建社区规则的设想，即在缓解、社会和建筑等方面采取低能耗的生活方式。德国弗赖堡沃邦居住区成立于20世纪90年代，位于沃邦附近弗雷堡的一个前军事基地，是一个备受关注的典型例子。

与现代城市相比，大多数古老城镇都是"生态城镇"，因为这些城镇对自然资源的开发利用程度很低，人为产生的污染也很小，城镇基本能够保持原有自然生态。然而，在古罗马扩张时代的城镇建设也曾经出现大片森林被破坏的情况。从那时开始，人们对于城镇化与自然界的关系就产生了分歧。当前主要的问题是如何将生态环境问题与城市生活联系起来。

瓦索斯特，阿默斯福特

瓦索斯特（1996—2002 年）是阿默斯福特地区的一个低密度紧凑型新城，位于历史古城的边缘，这里有一些商业服务、工业和高品质居住社区，也提供了一种比远郊模式更可持续的城市发展方式。

纽兰德，阿默斯福特

纽兰德是阿默斯福特的"生态郊区"，是一座拥有中世纪风格中心的精美的荷兰小镇。1995—2002 年，这里建造了 5000 座低层住宅，旨在尽可能多地利用太阳能，并将多余的能量输入荷兰的国家电网。

比斯特

英国对"生态城镇"运动的贡献是工党新政府在 2007 年宣布的。与瓦索斯特不同的是，它设想了一批以开发商为主导、基于汽车发展的郊区城镇，这些城镇的绿色证书都非常严格。牛津郡比斯特提供了一个"生态酒吧"，大概是为了出售格林尼国王牌酒。

生态城市

马斯达尔城市舱

参观阿布扎比马斯达尔城的人们会看到联系城中心与新区的如同蛋形的电气车辆。尽管在 2015 年完成后也未能覆盖整个沙漠城市，但也让人们瞥见了如何在海湾地区找到替代汽车的方法。

数百年前，阿拉伯商人们在中世纪的开罗建造美丽的房屋并将其外包裹织物防晒。它们有凉爽的庭院、屏风和将热空气提升排出房屋并从阴凉的地方导入空气的风塔，如同它们提供了环境友好型设计的示范一样，这些构造被保留并为建筑增添了令人陶醉的美学特征。这种在中东炎热地区扩展和创建新型的城市经典做法让政治家、建筑师和城市规划师们从新技术和传统方法中寻找到了低能耗城市的设计经验。

马斯达尔中心广场

在马斯达尔中心广场，一座根据中世纪设计原则建造的 45 米的风塔拔地而起，将热风排走继而使凉风导入。建筑的陶土外立面使当代与古典的风格融合在当代街道设计中，未来将有一条地铁联系马斯达尔城和阿布扎比。

贝尼多姆

在 20 世纪 60 年代旅游度假大力发展之前，贝尼多姆一直是安达卢西亚一处渔村。现在这里有着足以与其他任何城市媲美的高层建筑数量。1985 年后，里卡多·波菲（Ricardo Bofill）的新古典主义风格的艾格拉公园将绿色和可持续概念带入这座过度发展的西班牙度假城市。

加斯泰斯（维多利亚）

加斯泰斯（维多利亚）位于巴斯克，拥有全新的有轨电车、自行车道和人行道，以及壮观的国会大厅（都市主义与深绿建筑的理念，2013 年），其墙壁上悬挂有33000 种本土植物，还有鸟类和蝴蝶逗留，成为绿色城市设计的经典案例。

被遗弃的城市

概述

约旦佩特拉

位于约旦的佩特拉曾被形容为"这玫瑰色的城市如同时间般古老"，是公元前312年由纳巴泰人建立的，在大约公元前106年的地震期间大部分被遗弃。这里曾经居住了30000多人，建筑物隐于山谷之中，由切削岩壁而成，在山中狭径隐约可见。

城市是具备理性构造的有机体，会经历从出生、成长、衰落，甚至灭亡的过程。历史上，一些被雄心勃勃建立起来的城市，在建成后不久就被遗弃，而一些城市则在数千年后得以重建。城市未能长期存在的原因很多，比如水资源不足、政治动荡、地震、海啸和经济快速衰退。如果存有希望，那么输水道可以带来水，而整个城市也可以在暴风雨和战争后得以重建。

埃赫那顿法老城

　　埃赫那顿法老是娜芙提蒂的丈夫，图坦卡蒙的父亲，他为埃及创建了一种新的宗教，并建立了一座新城市，在那里人们可以崇拜单一的天空或太阳神。经过数个世纪精心设计的多神论的发展，埃赫那顿这一激进的举动使得其失去了后世的祭祀和臣民们的爱戴。

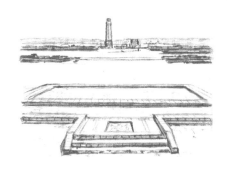

阿玛纳

　　埃赫那顿的新城阿玛纳位于开罗和卢克索之间的尼罗河中段，新城建设历时短短 5 年（公元前 1346—公元前 1341 年），大部分建筑都是用粉刷过的泥砖建造的。在法老死后不久，图坦卡蒙法老回到信仰底比斯和旧宗教中后，它就被废弃了。

伊拉克哈特拉

　　公元前 3 世纪建立于塞琉西王朝的伊拉克哈特拉遗址。几个世纪以来，一直以其建筑的精美绝伦让游客眼花缭乱。

巴比伦

　　"这是由尼布甲尼撒之子萨达姆建造的，其目的是荣耀伊拉克"。这句话曾经出现在这座在漫长历史中被不断建造、征服、重建和再征服的传奇城市中的许多砖块上。

中东和中亚

阿尼

被称为"建有1001个教堂之城"的阿尼（土耳其）曾经是一个美好的亚美尼亚城市，在1064年被土耳其人摧毁，它的遗址在1921年被土耳其军队"从地球上抹去"。卡齐姆·卡拉贝基尔将军（Kazim Karabekir）否认这项举动，但如今一切已荡然无存。

数千年来，中东和整个中亚地区人口稠密的古代城市不断被发掘。今后可能还会发现更多这样的城市，因为这里一直是这个世界为了空间而战的广阔地区。在这个过程中，往往由于征服的残暴策略，征服者将被征服的城市连同城市中的居民一同摧毁。如果足够幸运参观过这种城市，请珍惜关于它们的记忆。

波斯波利斯

　　大流士一世和薛西斯一世以史诗般规模建造了伊朗波斯波利斯，用不拘一格且色彩丰富的建筑反映出波斯帝国的广度和深度。亚历山大大帝在公元前330年焚烧了这座宏伟的城市。在被彻底屈服和毁灭之前，它蹒跚地走过了一千年。

乌尔根奇

　　几个世纪以来，始建于公元4世纪的土库曼斯坦乌尔根奇是中世纪丝绸之路上一座引以为傲的一个城市。它最终在阿姆河改变航道时被遗弃，留下一片破旧不堪又干燥的高地。

泰西封

　　从古代开始，伊拉克泰西封经历起伏伏，又被迁徙了几次。在570—637年它曾是世界上最大的城市。然而，637年这座城市被遗弃，用泰西封的石头建造起的巴格达新城最终取代了它。

哈图沙

　　土耳其哈图沙曾是赫梯王国的首都，在埃赫那顿法老时期征服叙利亚和埃及领土的苏庇路里乌玛一世（公元前1334—公元前1322年）统治时期达到顶峰。公元前1200年左右，这个城市很可能是被安纳托利亚的卡斯基亚人和巴尔干半岛南部的弗里吉亚人摧毁的。

现代城市

广岛

1945 年 8 月 6 日，一枚原子弹从美国艾诺拉·盖号轰炸机落到广岛，在这座日本工业港口城市造成 8 万人死亡，另有 8 万人死于核伤害，该市 70% 的建筑物被摧毁，当年 9 月份又发生了致命的台风。

地震、海啸、战争和核灾难等，能使现代城市在瞬间从地球表面消失或者失去其人口。尽管拥有现代技术，人类的需求与地球行为一样变幻无常。城市是一种有机体，而不仅仅是用于谋求生活的机器，那种想法使城市比那些纪念建筑所表现出的更缺乏安全性。然而，值得注意的是，就像森林大火后新长出的嫩芽一样，城市也能够自我复苏。

切尔诺贝利

1986 年 4 月 26 日，切尔诺贝利核电站爆炸，在普里皮亚季城市全境释放出放射性粒子。普里皮亚季建于 1970 年，专为服务该核电站工作而建造。事故发生时，这座乌克兰城镇人口为 5000 人，于 1986 年 4 月 28 日被人们遗弃。

斯拉夫蒂奇

人们在普里皮亚季以东建造了斯拉夫蒂奇，以取代被放射性威胁的城镇。在建筑工程开始之前，将 2 米厚未受污染的土壤遍铺整个土地。然后种植了树木和绿地。斯拉夫蒂奇要比普里皮亚季更令人愉快，尽管居民们继续离开它是为了忘记切尔诺贝利。

班达亚齐

2004 年海啸造成印度尼西亚的班达亚齐市 167000 人死亡，其中有 60% 的建筑物遭到破坏。然而，像印度洋沿岸的村庄、城镇和城市一样，班达亚齐已经被重建。

233

未来城市

概述

巨型城市

意大利建筑师保罗·索尔（Paolo Sole）（1919—2013年）想象了一系列基于生态建筑原理（建筑学＋生态学）的令人惊叹的巨型城市。有一些城市比其他明显更具科技感。这个创意旨在山地地区创造数十万人口的城市，而将更多空间保留给大自然。

人类长久以来一直梦想着生活在天堂般的城市，提出了很多未来城市概念，比如"新耶路撒冷""天空之城""乌托邦"，在19世纪晚期又提出了"太空城市"。高速的科技创新也鼓励发明家、小说家、工程师、科学家、艺术家和建筑师幻想未来城市。这些城市概念同速度、高度和非常特别以及有序的效率观念相关——可持续、快速、统一，也许还有一点不人道。它们激发人们去建设高科技"超大白蚁巢"般的城市。

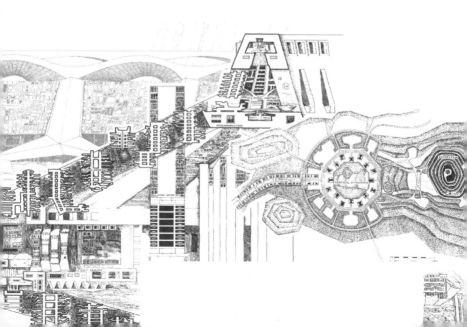

未来城市

在 20 世纪大城市中举步维艰的困境促使建筑师和其他有远见的人们想象一个拥有复杂交通体系的城市，它可以让人们尽可能快速地从一个新的城市复兴时期走向下一个新城市复兴时期。这就是 H．W．科贝特（H.W.Corbett）的未来城市。

大都会

由德国知名导演弗里茨·朗执导的表现主义巨作《大都会》（1927 年）向观众呈现了一个出色的反乌托邦式的未来城市。统治阶级在高大华丽的现代化公寓中居住，而工人阶级则在地下的熔炉和机房中做着苦力。

喷射背包

对火箭专家或漫画家来讲，避免拥堵的一个办法就是用私人喷射背包飞越城市上空。从 1920 年开始形成雏形，直到 1962 年，贝尔火箭腰带的发明才真正引起了公众的注意。喷射背包还需继续完善。

未来居住区

太空居住区或者巨型城市将作为人们从被污染又暴力的地球逃离的一个目的地，这一直是 20 世纪 20 年代以来科幻小说中反复出现的情节。1974 年，美国物理学家杰拉德·K. 奥尼尔（Gerard K.O'Neill）提出一个长 32 千米的圆柱形居住区，其在太空中拼装，并可容纳数百万人。

从太空返回地球

蒙特利尔生物圈

巴克敏斯特·福勒（Montreal Biosphere）设计的 62 米高的蒙特利尔生物圈原是 67 届世博会的美国馆，这是一届激发高科技建筑师和设计师想象力的世界博览会。还有另一个更大的网格穹顶方案甚至可以容纳整个城市。

太空旅行和与之相关的新技术鼓舞了人们对太空中的城市和地球上科幻式城市的想象。然而，城镇和城市继续以贴近地面的方式发展。这不仅是因为大多数人仍喜欢留在地球，还因为在登月火箭时代发展起来的新通信和其他计算机技术使世界城市进入了一个全新而未知的太空时代。

看不见的线

新通信方式的要求意味着如今城市布线可以减少。再加上开洞较小的管道、套管和电线的使用，以及对能源和建筑保护的严肃规定，未来的城市可能看起来像卡纳莱托的风景画。

首尔的技术

2015 年，拥有 2000 万人的首尔声称是世界上最"有线"的城市，无线网络覆盖了整个大都市。这彻底改变了城市服务和人们的生活方式。从 1997 年起，这座城市就有意识地努力从重工业转向以信息技术为基础的产业格局。

月球基地

要让在其他星球上真正建造城市还有很长的路要走。然而，福斯特 + 合伙人事务所正在与欧洲宇航局合作开发三维打印机器人，以在月球上建立避难所和定居点。

译后记

虽然建筑和城市本身并不存在许多前沿学科那样烧脑的难题，但是人们大都对谈论建筑和城市的发展津津乐道，因为人们本来生活于其中又渴望借此深入了解他们赖以生存的环境。从悠久的古代文明遗迹到梦幻的未来都市畅想，从充满神秘主义的城市原型到当代城市的科学发展格局，从唯美的形式布局追求到务实的功能理性思考，从对地理环境的适应遵从到主动创造奇迹般的建筑景观，解读建筑与城市既能给人们呈现丰富多彩的体验，也有助于从丰富性和多样化中发现生活的本质和真谛。本书尽管篇幅有限，却是一部关于城市和乡镇的百科读物，甚至其中的许多内容对于专业人士而言更需要重新认真地思考。

原书作者在解读大城小镇的发展脉络过程中，将人文、自然、科技和政治等方方面面的知识融会贯通，并且将人类发展过程中各个时代、各个地区的城市与市镇的建设思想娓娓道来，对于人们从各种方面全方位了解和思考城镇的发展都有着非常有益的作用。书中内容涉猎广泛，作者语言深入浅出，对事物的观点全面而透彻，没有故弄玄虚的卖弄，反倒添加了许多幽默和轻松的比喻，让人读起来倍感轻松，因此本书除专业人士之外，也适合各种关心城镇发展和对人居环境建设有兴趣的人们轻松阅读。

本书译者是一群对城市充满兴趣的人们，大家在 IKUKU 组织下尝试采用众包的方式网上协作翻译，这是一种合作分工解决科研和工程问题的有效方法。但由于大家语言文字风格的不同，并且由于原书作者有些部分使用了英语中的谐音和英式的隐喻对于初次尝试的译者有些艰难，最后全书文字的统一协调过程略感艰辛。

小组成员介绍：

张育南（兼统稿人），2009 年获得清华大学建筑学院工学博士，北京交通大学教师。

肖玥，现就读于德国卡塞尔大学建筑学系。

王茜，2019 年毕业于英国谢菲尔德哈勒姆大学建筑技术专业，硕士。

张若涵，现就读意大利米兰理工大学，建筑设计与历史专业硕士。

于晓萍，北京交通大学建筑与艺术学院博士后。

郑思敏，2017 年毕业于太原理工大学建筑系专业。

马海东，北京交通大学建筑学本科，清华大学硕士，苏黎世联邦理工学院硕士，曾就职于北京市建筑设计研究院进行建筑设计，后创办知名建筑媒体在库言库。